安徽省高等学校一流教材

数据结构与算法
实训教程

下 册

主　编　陈黎黎　潘正高

副主编　国红军　梁楠楠　浮盼盼

编　委（以姓氏笔画为序）

　　　　许海峰　李明东　杨成志　余晓永　张晓梅

　　　　张家喜　周　玮　凌　军　谈成访　崔　琳

中国科学技术大学出版社

内 容 简 介

本书为下册,共 9 章,内容包括绪论、线性表、栈和队列、串、数组和广义表、树和二叉树、图、查找和内排序。除第 1 章外,每章分为"实训项目"和"典型习题"两部分。"实训项目"从"基础实训"过渡到"拓展实训",由浅入深,逐步锻炼和提高读者运用数据结构与算法相关知识去解决实际应用问题的实践动手能力。"典型习题"汇集了各章节不同类型的大量习题,可以帮助读者进一步加深对数据结构与算法相关知识的理解和把握。

本书内容丰富,逻辑严密,条理清晰,还配有涵盖所有实训项目的完整参考代码和所有习题的参考答案等相关配套资源,可作为高等院校计算机类专业或信息类相关专业的教材,也可作为从事计算机工程与应用工作的广大读者的参考用书。

图书在版编目(CIP)数据

数据结构与算法实训教程.下册/陈黎黎,潘正高主编.--合肥:中国科学技术大学出版社,2024.6

ISBN 978-7-312-05943-8

Ⅰ.数… Ⅱ.①陈… ②潘… Ⅲ.①数据结构—高等学校—教材 ②算法分析—高等学校—教材 Ⅳ.TP311.12

中国国家版本馆 CIP 数据核字(2024)第 085735 号

数据结构与算法实训教程(下册)

SHUJU JIEGOU YU SUANFA SHIXUN JIAOCHENG (XIA CE)

出版	中国科学技术大学出版社
	安徽省合肥市金寨路 96 号,230026
	http://press.ustc.edu.cn
	https://zgkxjsdxcbs.tmall.com
印刷	合肥市宏基印刷有限公司
发行	中国科学技术大学出版社
开本	787 mm×1092 mm 1/16
印张	11.75
字数	299 千
版次	2024 年 6 月第 1 版
印次	2024 年 6 月第 1 次印刷
定价	38.00 元

前　言

"数据结构与算法"是计算机学科中一门重要的专业核心课程,也是多数高校计算机及相关专业研究生入学考试必考的专业课程之一。它主要研究数据的各种组织形式、存储结构以及建立在不同存储结构之上的各种运算的算法设计、实现和分析,着重培养学生的数据抽象能力和编程能力。它是"操作系统""编译原理""软件工程"等后续专业课程的理论先导,也是从事 Web 信息处理、人工智能等理论研究、应用开发、技术管理等工作的理论和实践基础。

"数据结构与算法"内容丰富、涉及的概念多、算法灵活、抽象性强,给学生的学习带来了一定的困难。教材是促进教学质量提升的关键和基础。然而,现有的大多数"数据结构与算法"教材普遍过于侧重理论,难度较大且内容枯燥,特别是对于应用型本科院校的学生而言,缺乏一定的针对性和实用性,无法满足培养知识面广、实践能力强、可以灵活应用所学知识解决实际问题的应用型人才的需要。为了使学生能够更好地学习这门课程,掌握算法设计所需的技术,编者根据应用型本科院校学生的学习特点,结合近 20 年的教学经验,编写了《数据结构与算法实训教程》。

教材分为上、下两册,各 9 章。第 1 章为绪论,主要介绍数据结构的基本概念、算法和算法效率的度量等;第 2～7 章分别介绍线性表、栈和队列、串、数组和广义表、树和二叉树、图等各种基本类型的数据结构及其应用;第 8 章介绍查找技术;第 9 章介绍内排序技术。上册是数据结构与算法涵盖的相关"知识单元",下册包含"实训项目"和"典型习题"。其中,"知识单元"给出了相关知识点的详细阐述,可以帮助学生更好地掌握理论知识,提高抽象思维能力;"实训项目"分为"基础实训"和"拓展实训"两种类型,它们提供了与知识点对应的不同难度的应用案例,可以方便教师开展实践教学,帮助不同层次的学生提高算法设计和实践能力;"典型习题"精选了大量不同类型的习题,包括近年来的一些考研真题等,以此帮助学生加深对数据结构知识点的理解,同时也是对所学知识掌握程度的一种有效检验。

本书为下册,由宿州学院陈黎黎、潘正高任主编,国红军、梁楠楠、浮盼盼任副主编。其中第 1～3 章由国红军、陈黎黎编写,第 4、5 章由潘正高、浮盼盼编写,第 6、7 章由陈黎黎编写,第 8、9 章由国红军、梁楠楠编写。宿州学院许海峰、崔琳等多位教授在本书编写过程中提供了富有建设性的宝贵意见,同时,各编委老师积极参与了本书的校对和整理工作,在此致以诚挚的谢意。另外,本书还参阅和借鉴了国内外许多相关的教材和专著,在此对相关作者表示感谢。

为了方便教师教学和学生学习,本书提供了全面而丰富的教学资源,其中包括教学 PPT、教学视频、实训案例源代码和习题参考答案等,读者可以从宿州学院网络教学平台(http://ahszu.fanya.chaoxing.com/portal)上免费获取。

本书为安徽省质量工程一流教材项目(2018yljc161)建设成果,得到了省级一流专业(2019163)、省级特色示范软件学院项目(2021cyxy069)的资助。

由于编者的学识水平有限,虽不遗余力,但书中仍可能存在错误及不妥之处,恳请广大读者批评指正。

编　者

2023 年 6 月

目　　录

第1章 绪 论

一、选择题

1. 数据结构是一门研究非数值计算的程序设计问题中,计算机的操作对象及它们之间的( )和运算的学科。

    A. 结构　　　　　　　B. 关系　　　　　　　C. 运算　　　　　　　D. 算法

2. 数据结构被形式化定义为(D,S),其中 D 是数据元素的有限集,S 是 D 上的( )的有限集合。

    A. 操作　　　　　　　B. 关系　　　　　　　C. 结构　　　　　　　D. 存储

3. 在数据结构中,从逻辑上可以将数据结构分为( )。

    A. 动态结构和静态结构　　　　　　B. 内部结构和外部结构

    C. 线性结构和非线性结构　　　　　　D. 紧凑结构和非紧凑结构

4. 计算机算法指的是( )。

    A. 计算方法　　　　　　　　　　　　B. 调度方法

    C. 解决问题的有穷指令序列　　　　　D. 处理问题的任何程序

5. 算法分析的主要目的是( )。

    A. 分析数据结构的合理性　　　　　　B. 分析数据结构的复杂性

    C. 分析算法的时空效率以求改进　　　D. 分析算法的有穷性和确定性

6. 下列不属于算法主要特征的是( )。

    A. 有穷性　　　　　　B. 可行性　　　　　　C. 确定性　　　　　　D. 简单性

7. 通常要求同一逻辑结构中的所有数据元素具有相同的特性,这意味着( )。

    A. 数据具有同一特点

    B. 不仅数据元素所含数据项的个数要相同,而且对应数据项的类型也要一致

    C. 每个数据元素都一样

    D. 数据元素所含的数据项的个数要相等

8. 下列说法正确的是( )。

    A. 数据元素是数据的最小单位

    B. 数据项是数据的基本单位

    C. 数据结构是带有结构的各数据项的集合

    D. 一些表面上不相同的数据可以具有相同的逻辑结构

9. 下列数据结构中,属于非线性结构的是( )。

　　A. 树　　　　　　　　B. 字符串　　　　　　C. 栈　　　　　　　D. 队列

10. 以下与数据的存储结构无关的术语是(　　　)。

　　A. 循环队列　　　　　B. 链表　　　　　　　C. 哈希表　　　　　D. 栈

11. 可以用(　　　)定义一个完整的数据结构。

　　A. 数据元素　　　　　B. 数据对象　　　　　C. 数据关系　　　　D. 抽象数据类型

12. 抽象数据类型的三个组成部分分别为(　　　)。

　　A. 数据对象、数据关系和基本操作　　　　B. 数据元素、逻辑结构和存储结构

　　C. 数据项、数据元素和数据类型　　　　　D. 数据元素、数据结构和数据类型

13. 顺序存储结构中数据元素之间的逻辑关系是由(　　　)表示的。

　　A. 线性结构　　　　　B. 非线性结构　　　　C. 存储位置　　　　D. 指针

14. 数据在计算机内有链式和顺序两种存储结构,在存储空间使用的灵活性上,链式存储比顺序存储(　　　)。

　　A. 高　　　　　　　　B. 低　　　　　　　　C. 相同　　　　　　D. 不确定

15. 下列说法错误的是(　　　)。

　　Ⅰ. 算法原地工作的含义是不需要任何额外的辅助空间

　　Ⅱ. 在相同规模 n 下,复杂度 $O(n)$ 的算法在时间上总是优于复杂度为 $O(2^n)$ 的算法

　　Ⅲ. 所谓时间复杂度是指在最坏情况下,估算算法执行时间的一个上界

　　Ⅳ. 同一个算法,实现语言的级别越高,执行的效率就越低

　　A. Ⅰ　　　　　　　　B. Ⅱ　　　　　　　　C. Ⅳ　　　　　　　D. Ⅲ

16. 下面程序片段的时间复杂度是(　　　)。

```
count = 0;
for (k = 1; k <= n; k * = 2)
    for (j = 1; j <= n; j ++)
        count ++;
```

　　A. $O(\log_2 n)$　　B. $O(n\log_2 n)$　　C. $O(n)$　　　D. $O(n^2)$

17.
```
for (i = n-1; i > 1; i --)
    for (j = 1; j < i; j ++)
        if (a[j] > a[j+1])
            a[j] 与 a[j+1] 对换;
```
其中,n 为正整数,则最后一行的语句频度在最坏情况下是(　　　)。

　　A. $O(n)$　　　　　B. $O(n\log_2 n)$　　C. $O(n^3)$　　　D. $O(n^2)$

18. 某算法的语句执行频度为 $3n + n\log_2 n + n^2 + 8$,其时间复杂度可表示为(　　　)。

　　A. $O(n^2)$　　　　B. $O(n\log_2 n)$　　C. $O(\log_2 n)$　　D. $O(n)$

19. 设一维数组中有 n 个元素,则读取第 i 个元素的平均时间复杂度可表示为(　　　)。

　　A. $O(n^2)$　　　　B. $O(n\log_2 n)$　　C. $O(1)$　　　D. $O(n)$

20. 下面的算法用来将一维数组 a 中的 n 个元素按逆序存放到原数组中,其空间复杂度为(　　　)。

```
for (i = 0; i < n; i ++)
    b[i] = a[n-i+1];
for (i = 0; i < n; i ++)
```

```
a[i] = b[i];
```
  A. $O(n^2)$ B. $O(\log_2 n)$ C. $O(1)$ D. $O(n)$

21. 下面的算法用来将一维数组 a 中的 n 个元素按逆序存放到原数组中,其空间复杂度为( )。

```
for (i = 0; i < n/2; i + +)
{ t = a[i]; a[i] = a[n-i-1]; a[n-i-1] = t; }
```
  A. $O(n^2)$ B. $O(\log_2 n)$ C. $O(1)$ D. $O(n)$

22. 下列叙述中正确的是( )。

  A. 一个算法的空间复杂度大,则其时间复杂度必定大

  B. 一个算法的空间复杂度大,则其时间复杂度必定小

  C. 一个算法的时间复杂度大,则其空间复杂度必定小

  D. 以上说法均不正确

23. 算法分析的两个主要方面是( )。

  A. 时间复杂度和空间复杂度   B. 正确性和简单性

  C. 可读性和健壮性   D. 数据复杂性和程序复杂性

24. 对一个算法的评价不包括( )方面的内容。

  A. 正确性   B. 健壮性和可读性

  C. 并行性   D. 时空复杂度

25. 算法的时间复杂取决于( )。

  A. 问题的规模   B. 待处理数据的初态

  C. 计算机的配置   D. A 和 B

二、填空题

1. 数据结构的研究内容包括_____、_____和_____。

2. 数据的逻辑结构可分为_____和_____。

3. 数据的逻辑结构可分为_____、_____和_____。

4. 数据的逻辑结构在计算机存储器中的表示称为数据的_____。

5. 数据的存储结构可分为_____、_____、_____和_____。

6. _____存储结构是把逻辑上相邻的结点存储到物理位置_____的存储单元里,结点之间的逻辑关系是由存储单元位置的邻接关系来体现的。

7. _____存储结构是把逻辑上相邻的结点存储到物理位置_____的存储单元里,结点之间的逻辑关系是由附加的指针域来体现的。

8. 一个算法具有 5 个特性:_____、_____、_____、有零个或多个输入、有一个或多个输出。

9. 如下两程序段中循环体语句执行次数的数量级分别是_____和_____。

```
i = 1;              i = n * n;
while (i < n)       while (i! = 1)
    i = i * 3;          i = i/2;
```

10. 将时间复杂度数量级 $O(n^2)$、$O(n\log_2 n)$、$O(2^n)$、$O(1)$、$O(\log_2 n)$ 和 $O(n)$ 按由小到大进行排序,结果为_____。

三、判断题

1. 数据元素是数据的最小单位。   (   )
2. 记录是数据处理的最小单位。   (   )
3. 数据的逻辑结构是指数据的各数据项之间的逻辑关系。   (   )
4. 算法的优劣与算法描述语言无关,但与所用计算机有关。   (   )
5. 健壮的算法不会因非法的输入数据而出现莫名其妙的状态。   (   )
6. 算法可以用不同的语言描述,因此,算法实际上就是程序。   (   )
7. 数据的物理结构是指数据在计算机内的实际存储形式。   (   )
8. 数据结构的抽象操作的定义与具体实现有关。   (   )
9. 在顺序存储结构中,有时也存储数据结构中元素之间的关系。   (   )
10. 顺序存储方式的优点是存储密度大,且插入、删除运算效率高。   (   )
11. 算法原地工作的含义是不需要任何额外的辅助空间。   (   )
12. 数据的逻辑结构说明元素之间的顺序关系,它依赖于计算机的储存结构。 (   )
13. 同一个算法,实现语言的级别越高,执行的效率就越低。   (   )
14. 顺序存储方式只能用于存储线性结构。   (   )
15. 数据的运算定义在数据的逻辑结构上,其实现要基于某种存储结构。   (   )

四、解答题

1. 有下列运行时间函数,分别写出相对应的时间复杂度。

(1) $T_1(n) = 1000$

(2) $T_2(n) = n^2 + 10n\log_2 n$

(3) $T_3(n) = 3n^3 + 100n^2 + n\log_2 n + 1$

2. 下面是实现两个矩阵相乘的程序段,分析其中各语句的执行次数。

```
for (i=0; i<n; i++)                          //语句①
    for (j=0; j<n; j++)                      //语句②
    {   c[i][j]=0;                           //语句③
        for (k=0; k<n; k++)                  //语句④
            c[i][j]= c[i][j]+a[i][k]*b[k][j];  //语句⑤
    }
```

3. 设 n 是偶数,试计算运行下列程序段后 m 的值,并给出该程序段的时间复杂度。

```
m=0;
for (i=1; i<=n; i++)
    for (j=2*i; j<=n; j++)
        m=m+1;
```

4. 用 C/C++语言描述 n 个整数序列的选择排序算法,并给出算法的时间复杂度。

第2章 线 性 表

实训项目

基础实训 1 顺序表的基本操作

1. 实验目的

(1) 理解并掌握线性表的顺序存储结构;

(2) 掌握顺序表基本运算算法;

(3) 设计顺序表操作的用户界面;

(4) 编程实现顺序表的各种基本操作。

2. 实验内容

(1) 编写顺序表的基本运算函数:

① void InitList(SqList *& L):初始化顺序表 L;

② void DestroyList(SqList * L):销毁顺序表 L;

③ int ListEmpty(SqList * L):判断顺序表 L 是否为空表;

④ int ListLength(SqList * L):求顺序表 L 的长度;

⑤ void DispList(SqList * L):输出顺序表 L;

⑥ int GetElem(SqList * L, int i, ElemType & e):取顺序表 L 的第 i 个位置的元素;

⑦ int LocateElem(SqList * L, ElemType e):在顺序表 L 中查找元素 e;

⑧ int ListInsert(SqList *& L, int i,ElemType e):在顺序表 L 的第 i 个位置插入元素;

⑨ int ListDelete(SqList *& L, int i, ElemType & e):删除顺序表 L 的第 i 个元素;

⑩ int Menu():功能菜单。

(2) 编写一个主程序,调用上述函数,实现如图 2.1 所示的顺序表上的相关操作。

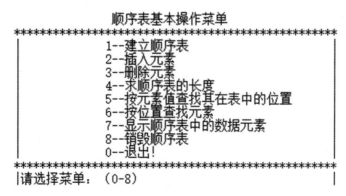

图 2.1 顺序表基本操作主菜单

3. 程序实现

完整代码如下：

```c
#include <stdio.h>
#include <stdlib.h>
#include <malloc.h>
#define MaxSize 50
typedef char ElemType;
typedef struct
{
    ElemType data[MaxSize];
    int length;
}SqList;
void InitList(SqList *&L)
{
    L=(SqList *)malloc(sizeof(SqList));
    L->length=0;
}
void DestroyList(SqList *L)
{
    free(L);
}
int ListEmpty(SqList *L)
{
    return(L->length==0);
}
int ListLength(SqList *L)
{
    return(L->length);
}
void DispList(SqList *L)
{
    int i;
    if (ListEmpty(L)) return;
    for (i=0;i<L->length;i++)
        printf("%c",L->data[i]);
    printf("\n");
}
int GetElem(SqList *L, int i, ElemType &e)
{
    if (i<1 || i>L->length)
        return 0;
    e=L->data[i-1];
    return 1;
}
```

```
int LocateElem(SqList ＊L，ElemType e)
{
    int i＝0；
    while (i<L->length && L->data[i]！＝e) i＋＋；
    if (i>＝L->length)
        return 0；
    else
        return i＋1；
}
int ListInsert(SqList ＊& L，int i，ElemType e)
{
    int j；
    if (L->length>＝MaxSize)
    {
        printf("空间已满")； return 0；          /＊顺序表已满＊/
    }
    if (i<1 ‖ i>L->length＋1)
    {
        printf("位置非法")； return 0；          /＊位置 i 不合理＊/
    }
    for (j＝L->length-1；j>＝i-1；j--)
        L->data[j＋1]＝L->data[j]；              /＊将 data[i]及后面元素后移一个位置＊/
    L->data[i-1]＝e；                            /＊插入 e＊/
    L->length＋＋；                              /＊顺序表长度增1＊/
    return 1；
}
int ListDelete(SqList ＊& L，int i，ElemType & e)
{
    int j；
    if (i<1 ‖ i>L->length)
        return 0；
    i--；                                        /＊将顺序表位序转化为下标＊/
    e＝L->data[i]；
    for (j＝i；j<L->length-1；j＋＋)
        L->data[j]＝L->data[j＋1]；
    L->length--；
    return 1；
}
int Menu()
{
    int c；
    system("CLS")；
    printf("\n                顺序表基本操作菜单")；
    printf("\n\t＊＊＊＊＊＊＊＊＊＊＊＊＊＊＊＊＊＊＊＊＊＊＊＊＊＊＊＊＊＊＊＊＊＊")；
```

```
        printf("\n\t|                1－－建立顺序表                    |");
        printf("\n\t|                2－－插入元素                      |");
        printf("\n\t|                3－－删除元素                      |");
        printf("\n\t|                4－－求顺序表的长度                |");
        printf("\n\t|                5－－按元素值查其在表中的位置      |");
        printf("\n\t|                6－－按位置查找元素                |");
        printf("\n\t|                7－－显示顺序表中的数据元素        |");
        printf("\n\t|                8－－销毁顺序表                    |");
        printf("\n\t|                0－－退出!                         |");
        printf("\n\t＊＊＊＊＊＊＊＊＊＊＊＊＊＊＊＊＊＊＊＊＊＊＊＊＊＊＊＊＊＊＊");
        printf("\n\t|请选择菜单:(0－8)                                 |\n");
        scanf("%d",&c);
        return c;
}
int main()
{
    SqList ＊L;
    ElemType e;
    char c;
    int no, i, t＝1;
    while(1)
    {
        no＝Menu();
        switch(no)
        {
            case 1:
                InitList(L);
                printf("请依次输入顺序表的元素:(＊请勿超过50个元素＊)\n");
                c＝getchar();
                i＝1;
                while((c ＝ getchar()) ! ＝'＃')
                {
                    ListInsert(L,i,c);
                    i＋＋;
                }
                printf("建立的顺序表为:");
                DispList(L);
                break;
            case 2:
                printf("插入前的顺序表为:");
                DispList(L);
                printf("请输入要插入的元素位置和元素值,以,分隔:");
                scanf("%d,%c",&i,& e);
                ListInsert(L,i,e);
```

```
            printf("插入后的顺序表为：");
            DispList(L);
            break;
    case 3：
            printf("删除前的顺序表为：");
            DispList(L);
            printf("请输入要删除的元素位置：");
            scanf("%d",&i);
            ListDelete(L,i,e);
            printf("删除第%d 个位置上的元素%c 后的顺序表为：",i,e);
            DispList(L);
            break;
    case 4：
            printf("当前顺序表的长度为：%d\n",ListLength(L));
            break;
    case 5：
            printf("要查找的元素为：");
            scanf("\n%c",& e);
            LocateElem(L,e);
            printf("元素%c 的位置为%d\n",e,LocateElem(L,e));
            break;
    case 6：
            printf("要查找的元素位置为：");
            scanf("\n%d",&i);
            GetElem(L,i,e);
            printf("顺序表第%d 个位置上的元素为%c\n",i,e);
            break;
    case 7：
            printf("当前顺序表中的元素依次为：");
            DispList(L);
            break;
    case 8：
            DestroyList(L);
            printf("＊＊顺序表已销毁！请按 0 退出！＊＊\n");
            break;
    case 0：
            t＝0；
            break;
    default：
            printf("输入错误,请重新选择 0－8 进行输入！\n");
    }
if (t＝＝0) break;
printf("\n 按任意键返回主菜单\n");
getchar();    getchar();
```

```
    }
    return 0;
}
```

4．运行结果

运行结果如图 2.2 所示。

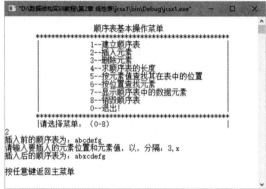

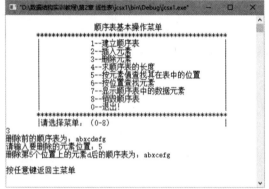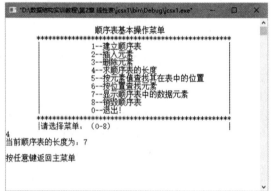

图 2.2　运行结果截图

本案例实现了一个顺序表的基本功能,这在线性表的操作中是简单的、基本的,有时解决某一个问题会遇到更复杂的运算,可以在此基础上增加新的操作,从而完成更多、更完善的功能。

基础实训 2　单链表的基本操作

1．实验目的

(1) 理解并掌握线性表的链式存储结构;

(2) 掌握单链表基本运算算法;

(3) 编程实现单链表的各种基本操作。

2．实验内容

(1) 编写单链表的基本运算函数:

① void InitList(LinkList ∗&L):初始化单链表 L;

② void DestroyList(LinkList ∗&L):销毁单链表 L;

③ int ListEmpty(LinkList ∗L):判断单链表 L 是否为空表;

④ int ListLength(LinkList ＊L)：求单链表 L 的长度，即元素个数；

⑤ void DispList(LinkList ＊L)：输出单链表 L；

⑥ int GetElem(LinkList ＊L，int i，ElemType & e)：取单链表 L 的第 i 个元素；

⑦ int LocateElem(LinkList ＊L，ElemType e)：在单链表 L 中查找元素 e；

⑧ int ListInsert(LinkList ＊& L，int i，ElemType e)：在单链表 L 的第 i 个位置插入元素 e；

⑨ int ListDelete(LinkList ＊& L，int i，ElemType & e)：删除单链表 L 的第 i 个元素。

(2) 编写一个主程序，调用上述函数，实现单链表的各种基本运算，并在此基础上完成如下功能：

① 初始化单链表 L；

② 在表尾依次插入'w'，'h'，'o'，'s'，'e'元素，并输出单链表 L；

③ 输出单链表 L 的长度；

④ 判断单链表 L 是否为空；

⑤ 输出单链表 L 的第 3 个元素；

⑥ 输出元素's'的位置；

⑦ 在第 4 个元素位置上插入'u'元素，并输出单链表 L；

⑧ 删除 L 的第 1 个元素，并输出单链表 L；

⑨ 释放单链表 L。

3. 程序实现

完整代码如下：

```c
#include <stdio.h>
#include <malloc.h>
typedef char ElemType;
typedef struct LNode                        /*定义单链表结点类型*/
{
    ElemType data;
    struct LNode * next;
}LinkList;
void InitList(LinkList *& L)
{
    L=(LinkList * )malloc(sizeof(LinkList));    /*创建头结点*/
    L->next=NULL;
}
void DestroyList(LinkList * L)
{
    LinkList * p=L, * q=p->next;
    while (q!=NULL)
    {
        free(p);
        p=q;
        q=p->next;
    }
```

```
        free(p);
    }
int ListEmpty(LinkList * L)
    {
        return(L->next==NULL);
    }
int ListLength(LinkList * L)
    {
        LinkList * p=L;
        int i=0;
        while (p->next!=NULL)
        {
            i++;
            p=p->next;
        }
        return i;
    }
void DispList(LinkList * L)
    {
        LinkList * p=L->next;
        while (p!=NULL)
        {
            printf("%c",p->data);
            p=p->next;
        }
        printf("\n");
    }
int GetElem(LinkList * L, int i, ElemType & e)
    {
        int j=0;
        LinkList * p=L;
        while (j<i && p!=NULL)
        {
            j++;
            p=p->next;
        }
        if (p==NULL)
            return 0;
        else
        {
            e=p->data;
            return 1;
        }
    }
```

```
int LocateElem(LinkList * L, ElemType e)
{
    LinkList * p = L->next;
    int n = 1;
    while (p! = NULL && p->data! = e)
    {
        p = p->next;
        n++;
    }
    if (p == NULL)
        return(0);
    else
        return(n);
}
int ListInsert(LinkList * L, int i, ElemType e)
{
    int j = 0;
    LinkList * p = L, * s;
    while (j<i-1 && p! = NULL)
    {
        j++;
        p = p->next;
    }
    if (p == NULL)            /* 未找到第 i-1 个结点 */
        return 0;
    else                     /* 找到第 i-1 个结点 */
    {
        s = (LinkList * )malloc(sizeof(LinkList));        /* 创建新结点 * s */
        s->data = e;
        s->next = p->next;                               /* 将 * s 插到 * p 之后 */
        p->next = s;
        return 1;
    }
}
int ListDelete(LinkList * L, int i, ElemType e)
{
    int j = 0;
    LinkList * p = L, * q;
    while (j<i-1 && p! = NULL)
    {
        j++;
        p = p->next;
    }
    if (p == NULL)            /* 未找到第 i-1 个结点 */
```

```
            return 0;
        else                            /* 找到第 i-1 个结点 */
        {
            q = p->next;                 /* q 指向要删除的结点 */
            p->next = q->next;           /* 从单链表中删除 * q 结点 */
            free(q);                     /* 释放 * q 结点 */
            return 1;
        }
    }
int main()
{
    LinkList  * L;
    ElemType e;
    printf("(1)初始化单链表 L\n");
    InitList(L);
    printf("(2)依次插入 w,h,o,s,e 元素\n");
    ListInsert(L,1,'w');
    ListInsert(L,2,'h');
    ListInsert(L,3,'o');
    ListInsert(L,4,'s');
    ListInsert(L,5,'e');
    printf("输出单链表 L:");
    DispList(L);
    printf("(3)单链表 L 长度为%d\n",ListLength(L));
    printf("(4)单链表 L 为%s\n",(ListEmpty(L)?"空":"非空"));
    GetElem(L,3,e);
    printf("(5)单链表 L 的第 3 个元素为%c\n",e);
    printf("(6)元素 s 的位置为%d\n",LocateElem(L,'s'));
    printf("(7)在第 4 个元素位置上插入 u 元素\n");
    ListInsert(L,4,'u');
    printf("输出单链表 L:");
    DispList(L);
    printf("(8)删除 L 的第 1 个元素\n");
    ListDelete(L,1,e);
    printf("输出单链表 L:");
    DispList(L);
    printf("(9)释放单链表 L\n");
    DestroyList(L);
    return 0;
}
```

4．运行结果

运行结果如图 2.3 所示。

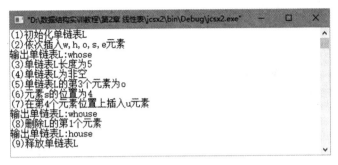

图 2.3 运行结果截图

拓展实训 1 回文数猜想

1．问题描述

一个正整数，如果从左往右读和从右往左读是一样的，则它就是回文数。任取一个正整数，如果不是回文数，将该数与它的倒序数相加，若其和不是回文数，则重复上述步骤，一直到获得回文数为止。例如：68 变成 154（68＋86），再变成 605（154＋451），最后变成 1111（605＋506），而 1111 是回文数。于是，有数学家提出一个猜想：不论开始是什么正整数，在经过有限次正序数和倒序数相加的步骤后，都会得到一个回文数。至今为止尚不知这个猜想是否正确。

要求：使用顺序表来存储运算过程产生的正整数，编程验证回文数猜想。

例如：输入 9760，则输出 9760－－＞10439－－＞103840－－＞152141－－＞293392。

2．运行结果示例

运行结果示例如图 2.4 所示。

图 2.4 运行结果示例

拓展实训 2 集合的并、交运算

1．问题描述

设计一个能够实现两个集合的并和交运算的程序。

要求：集合中的元素限定为英文字母和阿拉伯数字，集合中不允许出现重复元素，集合元素在输入时以"♯"为结束标志。用两个单链表 A 和 B 分别来表示两个集合。

2．运行结果示例

运行结果示例如图 2.5 所示。

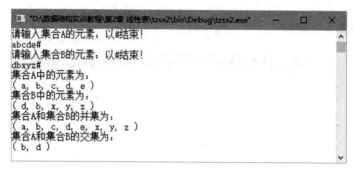

图 2.5 运行结果示例

拓展实训 3 约瑟夫环游戏

1. 问题描述

约瑟夫环游戏:设编号为 $1,2,\cdots,n$ 的 $n(n>0)$ 个人按顺时针方向围坐成一个圈,每人持有一个密码(正整数)。开始时,任选一个正整数 m 作为报数的上限,从第一个人开始顺时针自 1 开始顺序报数,报到 m 时停止报数。报 m 的人出列,将他的密码作为新的 m 值,从他顺时针方向的下一个人开始重新从 1 报数。如此下去,直到所有的人全部出列为止。

要求:设计一个程序来模拟此过程,且用户可以指定游戏的总人数 n 和初始的报数上限 m,以及每个人所持有的密码 key,程序最终按出列顺序依次输出每个人的编号。

用带头结点尾指针的循环单链表的相关操作来模拟约瑟夫环游戏的执行过程。

2. 运行结果示例

运行结果示例如图 2.6 所示。

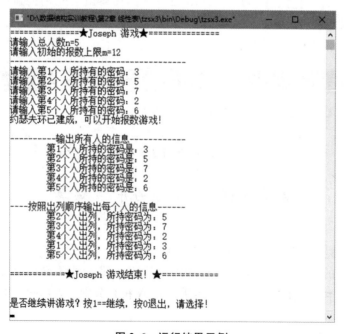

图 2.6 运行结果示例

拓展实训 4 学生信息管理系统

1. 问题描述

构建一个包含学生信息的单链表,实现如图 2.7 所示的学生信息管理系统的相应功能。

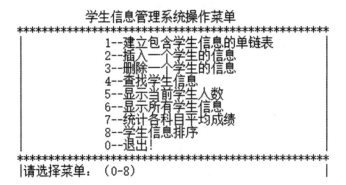

图 2.7 学生信息管理系统主菜单

2. 运行结果示例

运行结果示例如图 2.8 至图 2.16 所示。

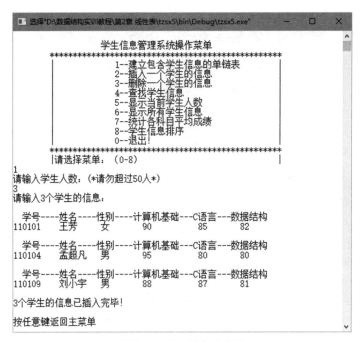

图 2.8 建立学生信息表

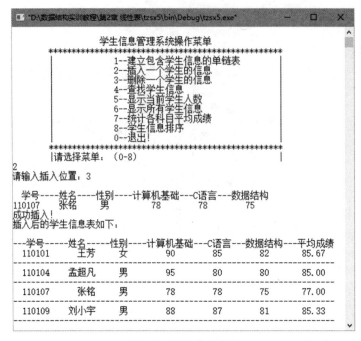

图 2.9　插入学生信息

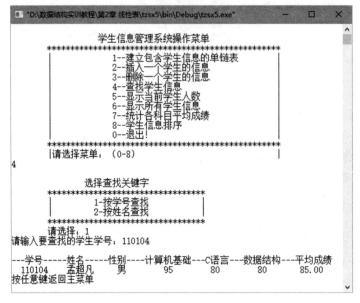

图 2.10　按学号查找学生信息

图 2. 11 按姓名查找学生信息

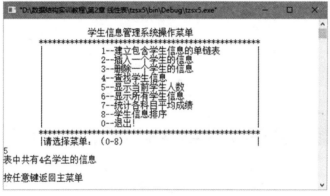

图 2. 12 显示学生人数

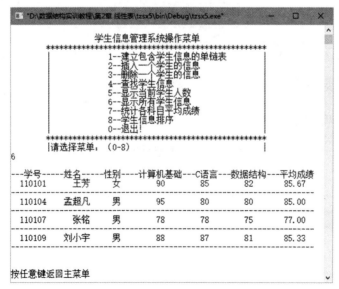

图 2. 13 显示所有学生信息

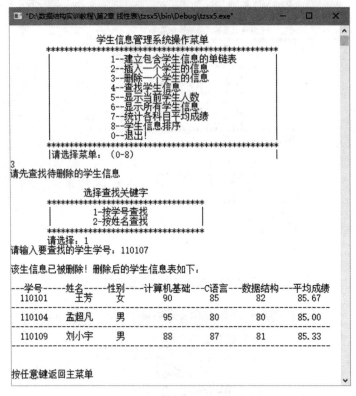

图 2.14　按学号删除一个学生的信息

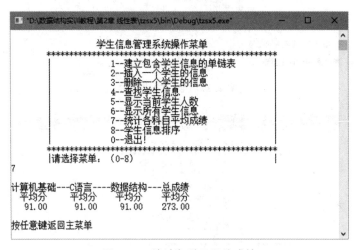

图 2.15　统计各科目平均成绩

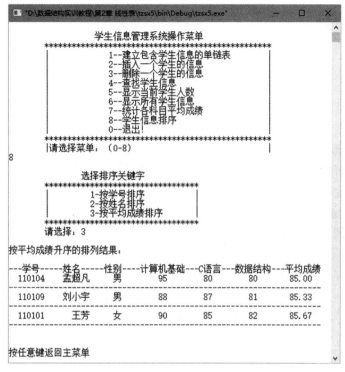

图 2.16 按平均成绩排序

拓展实训 5 大整数的四则运算器

1．问题描述

利用线性表相关知识，编程实现一个大整数计算器，该计算器可以完成大整数的加、减、乘、除四则运算。

用带头结点的循环双链表的相关操作来模拟大整数计算器的四则运算过程。

2．运行结果示例

运行结果示例如图 2.17 所示。

图 2.17 大整数四则运算器主菜单

 **典型习题**

一、选择题

1. 线性表是具有 n 个( )的有限序列($n>0$)。
   A. 表元素　　　　 B. 字符　　　　 C. 数据元素　　　　 D. 数据项

2. ( )是顺序存储结构的优点。
   A. 存储密度大　　　　　　　　　 B. 插入运算方便
   C. 删除运算方便　　　　　　　　 D. 可方便地用于各种逻辑结构的存储

3. 若长度为 n 的线性表采用顺序存储结构,在其第 $i(1\leqslant i\leqslant n+1)$ 个位置插入一个新元素的算法的时间复杂度为( )。
   A. $O(0)$　　　　 B. $O(1)$　　　　 C. $O(n)$　　　　 D. $O(n^2)$

4. 对于顺序存储的线性表,访问结点和增加、删除结点的时间复杂度分别为( )。
   A. $O(n)$　$O(n)$　　 B. $O(n)$　$O(1)$　　 C. $O(1)$　$O(n)$　　 D. $O(1)$　$O(1)$

5. 线性表($a_1,a_2,\cdots,a_n$)以链接方式存储时,访问第 i 元素的时间复杂度为( )。
   A. $O(i)$　　　　 B. $O(1)$　　　　 C. $O(n)$　　　　 D. $O(i-1)$

6. ( )是一个线性表。
   A. 由 n 个实数组成的集合　　　 B. 由 100 个字符组成的序列
   C. 所有整数组成的序列　　　　　 D. 邻接表

7. 线性表的顺序存储结构是一种( )。
   A. 随机存取的存储结构　　　　　 B. 顺序存取的存储结构
   C. 索引存取的存储结构　　　　　 D. 散列存取的存储结构

8. 在顺序表的动态存储定义中需要包含的数据成员是( )。
   Ⅰ. 数组指针 *data　　　　　　　 Ⅱ. 表中的元素个数 n
   Ⅲ. 表的大小 maxsize　　　　　　 Ⅳ. 数组基址 base
   A. Ⅰ Ⅱ　　　　 B. Ⅰ Ⅲ Ⅳ　　　　 C. Ⅰ Ⅱ Ⅲ　　　　 D. Ⅰ Ⅱ Ⅲ Ⅳ

9. 对长为 n 的线性表,( )的操作在顺序表上实现比在链表上实现效率高。
   A. 输出第 $i(1\leqslant i\leqslant n)$ 个元素值
   B. 交换第 1 个元素与第 2 个元素的值
   C. 顺序输出这 n 个元素的值
   D. 输出与给定值 x 相等的元素在线性表中的序号

10. 若线性表最常用的操作时存取第 i 个元素及其前驱和后继元素的值,为了提高效率,应采用( )的存储方式。
    A. 单链表　　　　 B. 双向链表　　　　 C. 单循环链表　　　　 D. 顺序表

11. 用含有 n 个元素的一维数组建立一个有序单链表的最低时间复杂度是( )。
    A. $O(1)$　　　　 B. $O(n)$　　　　 C. $O(n\log_2 n)$　　　　 D. $O(n^2)$

12. 单链表中增加一个头结点的目的是( )。
    A. 使单链表至少有一个结点　　　 B. 标识表结点中首结点的位置
    C. 方便运算的实现　　　　　　　 D. 说明单链表是线性表的链式存储

13. 假设在顺序表$(a_0, a_1, \cdots, a_{n-1})$中,每一个数据元素所占的存储单元的数目为 4,且第 0 个数据元素的存储地址为 100,则第 7 个数据元素的存储地址是(　　　)。

　　A. 106　　　　　　B. 107　　　　　　C. 124　　　　　　D. 128

14. 下面对非空线性表特点的论述中,正确的是(　　　)。

　　A. 所有结点有且仅有一个直接前驱

　　B. 所有结点有且仅有一个直接后继

　　C. 每个结点至多只有一个直接前驱,至多只有一个直接后继

　　D. 结点间是按照一对多的邻接关系来维系其逻辑关系的

15. 往一个顺序表的任一结点前插入一个新数据结点时,平均需要移动(　　　)个结点。

　　A. n　　　　　　B. $n/2$　　　　　　C. $n+1$　　　　　　D. $(n+1)/2$

16. 若某线性表最常用的操作是存取任一指定序号的元素和在最后进行插入和删除运算,则利用(　　　)存储方式最节省时间。

　　A. 顺序表　　　　　　　　　　　　B. 双链表

　　C. 带头结点的双循环链表　　　　　D. 单循环链表

17. 某线性表中最常用的操作是在最后一个元素之后插入一个元素和删除第一个元素,则采用(　　　)存储方式最节省运算时间。

　　A. 单链表　　　　　　　　　　　　B. 仅有头指针的单循环链表

　　C. 双链表　　　　　　　　　　　　D. 仅有尾指针的单循环链表

18. 某链表最常用的操作是在末尾插入结点和删除尾结点,则选用(　　　)最节省时间。

　　A. 单链表　　　　　　　　　　　　B. 单循环链表

　　C. 带尾指针的单循环链表　　　　　D. 带头结点的双循环链表

19. 单链表的存储密度(　　　)。

　　A. 大于 1　　　　B. 等于 1　　　　C. 小于 1　　　　D. 无法确定

20. 对于一个头指针为 head 的带头结点的单链表,判定该表为空表的条件是(　　　)。

　　A. head == NULL　　　　　　　　B. head->next == NULL

　　C. head->next == head　　　　　D. head! = NULL

21. 设线性表有 n 个元素,严格说来,以下操作中,(　　　)在顺序表上实现要比链表上实现效率高。

　　Ⅰ. 输出第 i 个元素值　　　　　　Ⅱ. 交换第 3 个元素与第 4 个元素的值

　　Ⅲ. 顺序输出这 n 个元素的值

　　A. Ⅰ　　　　　　B. ⅠⅢ　　　　　　C. ⅡⅢ　　　　　　D. ⅠⅡ

22. 采用顺序存储结构的线性表的插入算法中,当 n 个空间已满时,可申请再增加分配 m 个空间。若申请失败,则说明系统没有(　　　)可分配的存储空间。

　　A. m 个　　　　　　　　　　　　B. m 个连续的

　　C. $n+m$ 个　　　　　　　　　　D. $n+m$ 个连续的

23. 链式存储设计时,结点内的存储单元地址(　　　)。

　　A. 一定连续　　　　　　　　　　　B. 一定不连续

　　C. 不一定连续　　　　　　　　　　D. 部分连续,部分不连续

24. 链表不具有的特点是(　　　)。

　　A. 插入、删除不需要移动元素　　　B. 可随机访问任一元素

      C. 不必事先估计存储空间　　　　　　D. 所需空间与线性表长度成正比

25. 设单链表中结点的结构为(data,next),若在 p 指针所指结点后插入由指针 s 指向的结点,则应执行下面的(　　　)操作。

    A. p->next=s;　　　　　　　　s->next=p;

    B. s->next=p->next;　　　　　p->next=s;

    C. s->next=p;　　　　　　　　s=p;

    D. p->next=s;　　　　　　　　s->next=p->next;

26. 将两个长度为 n 的递增有序表归并为一个长度为 $2n$ 的递增有序表,至少需要进行关键字比较(　　　)次。

    A. 2　　　　　　B. $n-1$　　　　　　C. n　　　　　　D. $2n$

27. 在线性表的下列运算中,不改变数据元素之间结构关系的运算是(　　　)。

    A. 插入　　　　　　B. 删除　　　　　　C. 排序　　　　　　D. 定位

28. 在具有 n 个结点的有序单链表中插入一个新结点,并使插入后的单链表仍有序的时间复杂度是(　　　)。

    A. $O(1)$　　　　　　B. $O(n)$　　　　　　C. $O(n\log_2 n)$　　　　D. $O(n^2)$

29. 在双向链表指针 p 所指的结点前插入一个指针 q 指向的结点的操作是(　　　)。

    A. p->prior=q; q->next=p; p->prior->next=q; q->prior=q;

    B. p->prior=q; p->prior->next=q; q->next=p; q->prior=p->prior;

    C. q->next=p; q->prior=p->prior; p->prior->next=q; p->prior=q;

    D. q->prior=p->prior; q->next=q; p->prior=q; p->prior=q;

30. 完成在双向循环链表结点 p 之后插入 s 的操作是(　　　)。

    A. p->next=s; s->prior=p; p->next->prior=s; s->next=p->next;

    B. p->next->prior=s; p->next=s; s->prior=p; s->next=p->next;

    C. s->prior=p; s->next=p->next; p->next=s; p->next->prior=s;

    D. s->prior=p; s->next=p->next; p->next->prior=s; p->next=s;

31. 在一个长度为 $n(n>1)$ 的带头结点的单链表 h 上,另设一个尾指针,执行(　　　)操作与链表的长度有关。

    A. 删除单链表中的第一个元素　　　　B. 删除单链表的最后一个元素

    C. 在第一个元素前插入一个新元素　　D. 最后一个元素后插入一个新元素

32. 静态链表中指针表示的是(　　　)。

    A. 内存地址　　　　　　　　　　　　B. 数组下标

    C. 下一元素地址　　　　　　　　　　D. 左、右孩子地址

33. 以下错误的是(　　　)。

Ⅰ. 静态链表既有顺序存储的优点,又有动态链表的优点。所以,它存取表中第 i 个元素的时间与 i 无关。

Ⅱ. 静态链表中能容纳的元素个数的最大数在表定义时就确定了,以后不能增加。

Ⅲ. 静态链表与动态链表在元素的插入、删除上类似,不需做元素的移动。

    A. Ⅰ　　　　　　B. Ⅱ　　　　　　C. ⅠⅢ　　　　　　D. ⅠⅡⅢ

34. 已知两个长度分别为 m 和 n 的升序单链表,若将它们合并为一个长度为 $m+n$ 的降序单链表,则最坏情况下的时间复杂度是(　　　)。

A. $O(n)$　　　　　　　　　　　　B. $O(m \times n)$

C. $O(\min(m,n))$　　　　　　　D. $O(\max(m,n))$

35. 已知表头元素为 c 的单链表在内存中的存储状态如下图所示。现将 f 存放于 1014H 处并插到单链表中,若 f 在逻辑上位于 a 和 e 之间,则 a,e,f 的"链接地址"依次是 (　　)。

地址	元素	链接地址
1000H	a	1010H
1004H	b	100CH
1008H	c	1000H
100CH	d	NULL
1010H	e	1004H
1014H		

A. 1010H,1014H,1004H　　　　　　B. 1010H,1004H,1014H

C. 1014H,1010H,1004H　　　　　　D. 1014H,1004H,1010H

二、填空题

1. 当线性表的元素总数基本稳定,且很少进行插入和删除操作,但要求以最快的速度存取线性表中的元素时,应采用_____存储结构。

2. 线性表 L = (a_1, a_2, …, a_n) 用数组表示,假定插入、删除表中任一元素的概率相同,则插入一个元素平均需要移动元素的个数是_____,删除一个元素平均需要移动元素的个数是_____。

3. 链式存储的特点是利用_____来表示数据元素之间的逻辑关系。

4. 在一个长度为 n 的顺序表中第 i 个元素($1 \leqslant i \leqslant n$)之前插入一个元素时,需向后移动_____个元素。

5. 在单链表中设置头结点的作用是_____。

6. 具有 n 个结点的单链表,在已知的结点 $*p$ 后插入一个新结点的时间复杂度为_____,在给定值为 x 的结点后插入一个新结点的时间复杂度为_____。

7. 顺序表 L = (a_1, a_2, …, a_n)($n \geqslant 1$)中,每个数据元素需要占用 w 个存储单元。若 m 为元素 a_1 的起始地址,那么元素 a_n 的存储地址应为_____。

8. 在双向链表结构中,若要求在 p 指针所指的结点之前插入指针 s 所指的结点,则需执行下列语句:s->next=p; s->prior = _____; p->prior = s; _____ = s。

9. 设单链表的结点结构为(data, next),next 为指针域,已知指针 px 指向单链表中 data 为 x 的结点,指针 py 指向 data 为 y 的新结点,若将结点 y 插入结点 x 之后,则需要执行以下两条语句:_____和_____。

10. 带头结点的双循环链表 L 中只有一个元素结点的条件是_____。

11. 在单链表 L 中,指针 p 所指结点有后继结点的条件是_____。

12. 带头结点的双循环链表 L 为空表的条件是_____。

13. 在双向循环链表中,向 p 所指的结点之后插入指针 f 所指的结点,其操作是_____、_____、_____、_____。

14. 对单链表中元素按插入方法排序的 C/C++语言描述算法如下,其中 L 为链表头结点指针。请填充算法中标出的空白处,完成其功能。

```
typedef struct node
{    int data;
     struct node * next;
}linklist;
void Insertsort( linklist *& L)
{    linklist * p, * q, * r, * u;
     p = L->next;_____;
     while(_____)
     {    r = L;   q = L->next;
          while(_____ && q->data<= p->data)
          {    r = q;   q = q->next;   }
               u = p->next;_____;   _____;   p = u;
     }
}
```

15. 下面是用 C/C++语言编写的对不带头结点的单链表进行就地逆置的算法,该算法用 L 返回逆置后的链表的头指针,试在空缺处填入适当的语句。

```
void reverse(linklist *& L)
{    p = NULL;   q = L;
     while (q! = NULL)
     {    _____;   q->next = p;   p = q;   _____;}
          _____;
}
```

三、判断题

1. 顺序存储方式只能用于存储线性结构。　　　　　　　　　　　　　　　(　　)
2. 顺序表上插入一个数据元素的算法的时间复杂度为 $O(1)$。　　　　　(　　)
3. 顺序表可以方便地随机存取表中的任一元素。　　　　　　　　　　　(　　)
4. 顺序存储结构的主要缺点是不利于插入或删除操作。　　　　　　　　(　　)
5. 顺序存储方式插入和删除时效率太低,因此,它不如链式存储方式好。(　　)
6. 存储空间利用率高是顺序存储线性表的唯一优点。　　　　　　　　　(　　)
7. 线性表就是顺序存储的表。　　　　　　　　　　　　　　　　　　　(　　)
8. 链表中的头结点仅起到标识的作用。　　　　　　　　　　　　　　　(　　)
9. 线性表采用链表存储时,结点和结点之间的存储空间可以是不连续的。(　　)
10. 对任何数据结构,其链式存储结构一定优于顺序存储结构。　　　　　(　　)
11. 线性表的链式存储结构中,元素的逻辑顺序与物理顺序一定是相同的。(　　)

12. 链表是采用链式存储结构的线性表,进行插入、删除操作时,在链表中比在顺序存储结构中效率高。　　　　　　　　　　　　　　　　　　　　　　　　　（　　）

13. 集合与线性表的区别在于是否按关键字排序。　　　　　　　　　（　　）

14. 线性表的特点是每个元素都有一个前驱和一个后继。　　　　　（　　）

15. 取线性表的第 i 个元素的时间同 i 的大小有关。　　　　　　　（　　）

16. 循环链表不是线性表。　　　　　　　　　　　　　　　　　　　（　　）

17. 为了方便地插入和删除数据,可以使用双向链表存放数据。　　（　　）

18. 顺序存储方式的优点是存储密度大,且插入、删除运算效率高。　（　　）

19. 对双链表来说,结点 *p 的存储位置既存放在其前驱结点的后继指针域中,也存放在其后继结点的前驱指针域中。　　　　　　　　　　　　　　　　　　　　　（　　）

20. 所谓静态链表就是一直不发生变化的链表。　　　　　　　　　（　　）

四、算法设计题

1. 已知顺序表 L 的所有元素按其值非递增有序排列,设计一个算法删除表中值相同的多余元素。

2. 已知顺序表 L,设计一个算法将 L 中的元素逆置。例如:L=(2,5,1,6,3),则逆置后变为 L=(3,6,1,5,2)。

3. 设计一个算法,将一个顺序表拆分成两部分,小于等于 0 的元素位于表的左端,大于 0 的元素位于表的右端。要求不占用额外的存储空间。例如:顺序表(−12,3,−6,−10,20,−7,9,−20)经拆分调整后变为(−12,−20,−6,−10,−7,20,9,3)。

4. 设将 $n(n>1)$ 个整数存放到一维数组 R 中。设计一个在时间和空间两方面都尽可能高效的算法,将 R 中保存的序列循环左移 $p(0<p<n)$ 个位置,即将 R 中的数据序列由 $(X_0,X_1,\cdots,X_{n-1})$ 变换为 $(X_p,X_{p+1},\cdots,X_{n-1},X_0,X_1,\cdots,X_{p-1})$。要求:

(1) 给出算法的设计思想;

(2) 根据设计思想,采用 C/C++ 语言描述算法,关键之处给出注释;

(3) 说明所设计算法的时间复杂度和空间复杂度。

5. 已知单链表 L 中各元素的值互异,设计一个算法,判断单链表 L 是否按结点值递增有序排列。

6. 设计一个高效的算法,删除非空单链表 L 中的(一个)最小值。

7. 一个长为 $n(n>3)$ 的线性表采用带头结点的单链表 L 存储,设计一个高效的算法,求中间位置的元素(即序号为 $\lceil n/2 \rceil$ 的元素)。

8. 设 ha=$(a_1,a_2,\cdots,a_n)$ 和 hb=$(b_1,b_2,\cdots,b_n)$ 是两个带头结点的循环单链表,设计一个算法将这两个表合并成一个带头结点的循环单链表 hc。

9. 已知数组 a[1..n] 的元素类型为 int,设计一个时间按和空间上尽可能高效的算法,将其调整为左右两部分,左边所有元素为奇数,右边所有元素为偶数。

(1) 给出算法的基本设计思想;

(2) 根据设计思想,采用 C/C++ 语言描述算法,关键之处给出注释;

(3) 说明所设计算法的时间复杂度和空间复杂度。

10. 一个长度为 $L(L \geq 1)$ 的升序序列 S，处在第 $\lceil L/2 \rceil$ 个位置的数称为 S 的中位数。例如，若序列 $S_1 = (11, 13, 15, 17, 19)$，则 S_1 的中位数为 15。两个序列的中位数是含它们所有元素的升序序列的中位数。例如，若 $S_2 = (2, 4, 6, 8, 20)$，则 S_1 和 S_2 的中位数为 11。现有两个等长的升序序列 A 和 B，试设计一个在时间和空间两方面都尽可能高效的算法，找出两个序列 A 和 B 的中位数。

(1) 给出算法的基本设计思想；

(2) 根据设计思想，采用 C/C++ 语言描述算法，关键之处给出注释；

(3) 说明所设计算法的时间复杂度和空间复杂度。

第 3 章　栈 和 队 列

实训项目

基础实训 1　顺序栈的基本操作

1. 实验目的

(1) 理解并掌握栈的顺序存储结构；

(2) 掌握顺序栈基本运算算法；

(3) 编程实现顺序栈的各种基本操作。

2. 实验内容

(1) 编写顺序栈的基本运算函数：

① void InitStack(SqStack ＊& L)：初始化顺序栈；

② void DestroyStack(SqStack ＊&s)：销毁顺序栈；

③ int StackEmpty(SqStack ＊s)：判断顺序栈是否为空；

④ int StackLength(SqStack ＊s)：求顺序栈的长度；

⑤ int Push(SqStack ＊&s,ElemType e)：进栈；

⑥ int Pop(SqStack ＊&s,ElemType & e)：出栈；

⑦ void DispStack(SqStack ＊s)：输出顺序栈。

(2) 编写一个主程序,调用上述函数,实现以下功能：

① 初始化栈 s；

② 判断栈是否为空；

③ 依次进栈元素 a,b,c,d,e；

④ 判断栈是否为空；

⑤ 求栈的长度；

⑥ 输出从栈顶到栈底的所有元素；

⑦ 出栈的所有元素,输出出栈序列；

⑧ 判断栈是否为空；

⑨ 释放栈。

3. 程序实现

完整代码如下：

```
# include <stdio. h>
# include <malloc. h>
# define MaxSize 100
```

```
typedef char ElemType;
typedef struct
{
    ElemType data[MaxSize];
    int top;            /* 栈顶指针 */
}SqStack;
void InitStack(SqStack *&s)
{
    s=(SqStack *)malloc(sizeof(SqStack));
    s->top=-1;
}
void DestroyStack(SqStack *&s)
{
    free(s);
}
int StackLength(SqStack *s)
{
    return(s->top+1);
}
int StackEmpty(SqStack *s)
{
    return(s->top==-1);
}
int Push(SqStack *&s,ElemType e)
{
    if (s->top==MaxSize-1)
        return 0;
    s->top++;
    s->data[s->top]=e;
    return 1;
}
int Pop(SqStack *&s,ElemType &e)
{
    if (s->top==-1)
        return 0;
    e=s->data[s->top];
    s->top--;
    return 1;
}
void DispStack(SqStack *s)
{
    int i;
    for (i=s->top;i>=0;i--)
        printf("%c ",s->data[i]);
```

```
        printf("\n");
}
int main()
{
        ElemType e;
        SqStack * s;
        printf("(1)初始化栈 s\n");
        InitStack(s);
        printf("(2)栈为%s\n",(StackEmpty(s)?"空":"非空"));
        printf("(3)依次进栈元素 a,b,c,d,e\n");
        Push(s,'a');
        Push(s,'b');
        Push(s,'c');
        Push(s,'d');
        Push(s,'e');
        printf("(4)栈为%s\n",(StackEmpty(s)?"空":"非空"));
        printf("(5)栈长度:%d\n",StackLength(s));
        printf("(6)从栈顶到栈底元素:");DispStack(s);
        printf("(7)出栈序列:");
        while(! StackEmpty(s))
        {
                Pop(s,e);
                printf("%c ",e);
        }
        printf("\n");
        printf("(8)栈为%s\n",(StackEmpty(s)?"空":"非空"));
        printf("(9)释放栈\n");
        DestroyStack(s);
        return 0;
}
```

4. 运行结果

运行结果如图 3.1 所示。

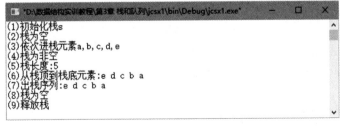

图 3.1　运行结果截图

基础实训 2　链栈的基本操作

1. 实验目的

(1) 理解并掌握栈的链式存储结构；

(2) 掌握链栈基本运算算法；

(3) 编程实现链栈的各种基本操作。

2. 实验内容

(1) 编写链栈的基本运算函数：

① void InitStack(LiStack *&L)：初始化链栈；

② void DestroyStack(LiStack *&s)：销毁链栈；

③ int StackEmpty(LiStack *s)：判断链栈是否为空；

④ int StackLength(LiStack *s)：求链栈的长度；

⑤ int Push(LiStack *&s,ElemType e)：进栈；

⑥ int Pop(LiStack *&s,ElemType &e)：出栈；

⑦ void DispStack(LiStack *s)：输出链栈。

(2) 编写一个主程序,调用上述函数,实现以下功能：

① 初始化栈 s；

② 判断栈是否为空；

③ 依次进栈元素 a,b,c,d,e；

④ 判断栈是否为空；

⑤ 求栈的长度；

⑥ 输出从栈顶到栈底的所有元素；

⑦ 出栈的所有元素,输出出栈序列；

⑧ 判断栈是否为空；

⑨ 释放栈。

3. 程序实现

完整代码如下：

```c
#include <stdio.h>
#include <malloc.h>
typedef char ElemType;
typedef struct linknode
{
    ElemType data;              /*数据域*/
    struct linknode *next;      /*指针域*/
}LiStack；
void InitStack(LiStack *&s)
{
    s=(LiStack *)malloc(sizeof(LiStack));
    s->next=NULL;
}
void DestroyStack(LiStack *&s)
```

```
{
    LiStack * p = s - >next;
    while (p! = NULL)
    {
        free(s);
        s = p;
        p = p - >next;
    }
}
int StackLength(LiStack * s)
{
    int i = 0;
    LiStack * p;
    p = s - >next;
    while (p! = NULL)
    {
        i + + ;
        p = p - >next;
    }
    return(i);
}
int StackEmpty(LiStack * s)
{
    return(s - >next = = NULL);
}
void Push(LiStack * & s,ElemType e)
{
    LiStack * p;
    p = (LiStack * )malloc(sizeof(LiStack));
    p - >data = e;
    p - >next = s - >next;                      / * 插入 * p 结点作为第一个数据结点 * /
    s - >next = p;
}
int Pop(LiStack * & s,ElemType & e)
{
    LiStack * p;
    if(s - >next = = NULL)                       / * 栈空的情况 * /
        return 0;
    p = s - >next;                               / * p 指向第一个数据结点 * /
    e = p - >data;
    s - >next = p - >next;
    free(p);
    return 1;
}
```

```c
void DispStack(LiStack * s)
{
    LiStack * p=s->next;
    while (p! = NULL)
    {
        printf("%c ",p->data);
        p=p->next;
    }
    printf("\n");
}
int main()
{
    ElemType e;
    LiStack * s;
    printf("(1)初始化链栈 s\n");
    InitStack(s);
    printf("(2)链栈为%s\n",(StackEmpty(s)?"空":"非空"));
    printf("(3)依次进链栈元素 a,b,c,d,e\n");
    Push(s,'a');
    Push(s,'b');
    Push(s,'c');
    Push(s,'d');
    Push(s,'e');
    printf("(4)链栈为%s\n",(StackEmpty(s)?"空":"非空"));
    printf("(5)链栈长度:%d\n",StackLength(s));
    printf("(6)从链栈顶到链栈底元素:");DispStack(s);
    printf("(7)出链栈序列:");
    while(! StackEmpty(s))
    {   Pop(s,e);
        printf("%c ",e);
    }
    printf("\n");
    printf("(8)链栈为%s\n",(StackEmpty(s)?"空":"非空"));
    printf("(9)释放链栈\n");
    DestroyStack(s);
    return 0;
}
```

4. 运行结果

运行结果如图 3.2 所示。

图 3.2 运行结果截图

基础实训 3 循环队列的基本操作

1. 实验目的

（1）理解并掌握循环队列存储结构；

（2）掌握循环队列队空、队满的判断条件；

（3）掌握循环队列进队、出队等基本运算算法；

（4）编程实现循环队列的各种基本操作。

2. 实验内容

（1）编写循环队列的基本运算函数：

① InitQueue(SqQueue ＊& q)：初始化队列；

② DestroyQueue(SqQueue ＊& q)：销毁队列；

③ QueueEmpty(SqQueue ＊ q)：判断队列是否为空；

④ enQueue(SqQueue ＊& q，ElemType e)：进队；

⑤ deQueue(SqQueue ＊& q，ElemType & e)：出队。

（2）编写一个主程序，调用上述函数，实现以下功能：

① 初始化循环队列 q(q 的最大长度为 5)；

② 元素 a,b,c 依次进队；

③ 判断栈是否为空；

④ 出队列的一个元素，并输出；

⑤ 求队列的长度；

⑥ 元素 d,e,f 依次进队；

⑦ 求队列的长度；

⑧ 出队列的所有元素，输出出队序列；

⑨ 释放栈。

3. 程序实现

完整代码如下：

```
# include <stdio.h>
# include <malloc.h>
# define MaxSize 5
typedef char ElemType；
typedef struct
{
```

```
    ElemType data[MaxSize];
    int front,rear;                                    /* 队首和队尾指针 */
}SqQueue;
void InitQueue(SqQueue  * & q)
{
    q = (SqQueue  * )malloc (sizeof(SqQueue));
    q - >front = q - >rear = 0;
}
void DestroyQueue(SqQueue  * &q)
{
    free(q);
}
int QueueEmpty(SqQueue  * q)
{
    return(q - >front = = q - >rear);
}
int QueueLength(SqQueue  * q)
{
    return (q - >rear - q - >front + MaxSize)%MaxSize;
}
int enQueue(SqQueue  * &q,ElemType e)
{
    if ((q - >rear + 1)%MaxSize = = q - >front)      /* 队满 */
        return 0;
    q - >rear = (q - >rear + 1)%MaxSize;
    q - >data[q - >rear] = e;
    return 1;
}
int deQueue(SqQueue  * & q,ElemType & e)
{
    if (q - >front = = q - >rear)                      /* 队空 */
        return 0;
    q - >front = (q - >front + 1)%MaxSize;
    e = q - >data[q - >front];
    return 1;
}
int main()
{
    ElemType e;
    SqQueue  * q;
    printf("(1)初始化队列 q\n");
    InitQueue(q);
    printf("(2)依次进队列元素 a,b,c\n");
    if (enQueue(q,'a') = = 0) printf("队满,不能进队\n");
```

if (enQueue(q,'b') ＝ ＝ 0) printf("队满,不能进队\n");
if (enQueue(q,'c') ＝ ＝ 0) printf("队满,不能进队\n");
printf("(3)队列为%s\n",(QueueEmpty(q)?"空":"非空"));
if (deQueue(q,e) ＝ ＝ 0)
　　printf("队空,不能出队\n");
else
　　printf("(4)出队一个元素%c\n",e);
printf("(5)队列 q 的元素个数:%d\n",QueueLength(q));
printf("(6)依次进队列元素 d,e,f\n");
if (enQueue(q,'d') ＝ ＝ 0) printf("队满,不能进队\n");
if (enQueue(q,'e') ＝ ＝ 0) printf("队满,不能进队\n");
if (enQueue(q,'f') ＝ ＝ 0) printf("队满,不能进队\n");
printf("(7)队列 q 的元素个数:%d\n",QueueLength(q));
printf("(8)出队列序列:");
while(! QueueEmpty(q))
{　deQueue(q,e);
　　printf("%c ",e);
}
printf("\n");
printf("(9)释放队列\n");
DestroyQueue(q);
return 0;
}

4. 运行结果

运行结果如图 3.3 所示。

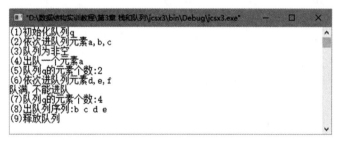

图 3.3　运行结果截图

基础实训 4　链队列的基本操作

1. 实验目的

(1) 理解并掌握链队列存储结构;

(2) 掌握链队列队空的判断条件;

(3) 掌握链队列进队、出队等基本运算算法;

(4) 编程实现链队列的各种基本操作。

2．实验内容

(1) 编写链队列的基本运算函数：

① InitQueue(LiQueue ＊＆q)：初始化队列；

② DestroyQueue(LiQueue ＊＆q)：销毁队列；

③ QueueEmpty(LiQueue ＊q)：判断队列是否为空；

④ QueueLength(LiQueue ＊q)：求队列的长度；

⑤ enQueue(LiQueue ＊＆q, ElemType e)：进队；

⑥ deQueue(LiQueue ＊＆q, ElemType ＆e)：出队。

(2) 编写一个主程序，调用上述函数，实现以下功能：

① 初始化链队列 q；

② 元素 a,b,c 依次进队；

③ 判断队列是否为空；

④ 出队列的一个元素，并输出；

⑤ 求队列的长度；

⑥ 元素 d,e,f 依次进队；

⑦ 求队列的长度；

⑧ 出队列的所有元素，输出出队序列；

⑨ 释放栈。

3．程序实现

完整代码如下：

```
#include <stdio.h>
#include <malloc.h>
typedef char ElemType;
typedef struct qnode
{
    ElemType data;
    struct qnode * next;
}QNode;
typedef struct
{
    QNode * front;
    QNode * rear;
}LiQueue;
void InitQueue(LiQueue *& q)
{
    QNode * s;
    s = ( QNode * )malloc(sizeof(QNode));         /* 创建链队结点 */
    s->next = NULL;
    q = (LiQueue * )malloc(sizeof(LiQueue));       /* 创建链队头结点 */
    q->front = q->rear = s;
}
void DestroyQueue(LiQueue *& q)
```

```
{
    QNode * pre = q－＞front, * p = pre －＞next;
    while (p! = NULL)
    {
        free(pre);                          /* 释放链队结点 */
        pre = p;   p = p －＞next;           /* pre 和 p 指针同步后移 */
    }
    free(pre);                              /* 释放最后一个链队结点 */
    free(q);                                /* 释放链队头结点 */
}
int QueueLength(LiQueue * q)
{
    int n = 0;
    QNode * p = q －＞front －＞next;
    while (p! = NULL)
    {
        n + + ;
        p = p －＞next;
    }
    return(n);
}
int QueueEmpty(LiQueue * q)
{
    if (q －＞rear = = q －＞front)   return 1;
    else
        return 0;
}
void enQueue(LiQueue * & q, ElemType e)
{
    QNode * p;
    p = (QNode * )malloc(sizeof(QNode));
    p －＞data = e;   p －＞next = NULL;
    q －＞rear －＞next = p;                  /* 将 p 结点链接到队尾 */
    q －＞rear = p;                          /* 修改队尾指针 rear 指向 p 结点 */
}
int deQueue(LiQueue * & q, ElemType & e)
{
    QNode * t;
    if (q －＞front = = q －＞rear)   return 0;   /* 空队列,返回 0 */
    t = q －＞front －＞next;                  /* 用 t 指向队首元素 */
    e = t －＞data;                          /* 用 e 保存队首元素 */
    q －＞front －＞next = t －＞next;          /* t 指向的队首结点出队 */
    if (q －＞rear = = t)   q －＞rear = q －＞front;  /* 队列中仅有一个结点,则修改队尾指针 */
    free(t);
```

```
        return 1；
    }


int main()
{
    ElemType e；
    LiQueue  *q；
    printf("(1)初始化链队 q\n")；
    InitQueue(q)；
    printf("(2)依次进链队元素 a,b,c\n")；
    enQueue(q,'a')；
    enQueue(q,'b')；
    enQueue(q,'c')；
    printf("(3)链队为%s\n",(QueueEmpty(q)?"空":"非空"))；
    if (deQueue(q,e) = = 0)
        printf("队空,不能出队\n")；
    else
        printf("(4)出队一个元素%c\n",e)；
    printf("(5)链队 q 的元素个数:%d\n",QueueLength(q))；
    printf("(6)依次进链队元素 d,e,f\n")；
    enQueue(q,'d')；
    enQueue(q,'e')；
    enQueue(q,'f')；
    printf("(7)链队 q 的元素个数:%d\n",QueueLength(q))；
    printf("(8)出链队序列:")；
    while(! QueueEmpty(q))
    {   deQueue(q,e)；
        printf("%c ",e)；
    }
    printf("\n")；
    printf("(9)释放链队\n")；
    DestroyQueue(q)；
    return 0；
}
```

4. 运行结果

运行结果如图 3.4 所示。

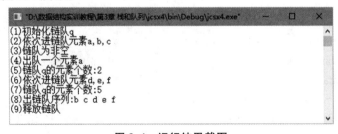

图 3.4　运行结果截图

拓展实训 1　进制转换

1. 问题描述

将一个十进制整数 n 转换为 $d(d=2,8,16)$ 进制。

要求：利用栈来实现由键盘输入一个任意的非负十进制整数，输出与之等值的二进制、八进制和十六进制数。

2. 运行结果示例

运行结果示例如图 3.5 所示。

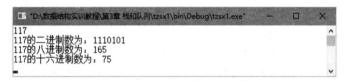

图 3.5　进制转换运行结果示例

拓展实训 2　括号匹配

1. 问题描述

假设表达式中允许包含三种括号：圆括号()、方括号[]和大括号{}。编程实现对任意输入的表达式，判断其中包含的三种括号是否正确配对。

提示：可设置一个括号栈，利用栈来实现此问题的求解。逐个扫描表达式的每一个字符，当遇到左括号（包括"("、"["和"{"）时，将左括号进栈，然后继续扫描下一个字符；当遇到右括号时，若栈顶是相匹配的左括号，则出栈，然后继续扫描下一个字符；若栈顶不是与之相匹配的左括号，则返回 0。表达式扫描结束时，如果栈为空，则返回 1 表示括号正确匹配，否则返回 0。

2. 运行结果示例

运行结果示例如图 3.6 所示。

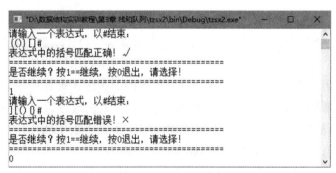

图 3.6　括号匹配运行结果示例

拓展实训 3　模拟浏览器

1. 问题描述

网页浏览器通常都有前进和后退的功能，如：单击"后退"按钮就可以退回到上一次访问的页面。编程模拟浏览器的前进和后退功能。

提示:可建立两个栈来记录浏览过的网页,一个是"后退栈"sr,一个是"前进栈"sf。

(1)"访问"操作:读入要访问的网址(字符串),将其输出以模拟对网页的访问,将网址入后退栈,并将前进栈置空。

(2)"后退"操作:将当前网址从后退栈移入前进栈,然后检查后退栈,如果后退栈为空,则无法后退,否则输出后退栈的栈顶元素,以模拟对该网页的访问。

(3)"前进"操作:如果前进栈为空,则无法前进,否则,将当前网址从前进栈移入后退栈,并输出当前网址以模拟对该网页的访问。

(4)"退出"操作:退出模拟程序。

2.运行结果示例

运行结果示例如图 3.7 所示。

图 3.7 模拟浏览器运行结果示例

拓展实训4 表达式求值

1.问题描述

用户输入一个包含"+""-""*""/"、正整数和圆括号的合法数学表达式,计算该表达式的运算结果。

提示:在程序语言中,运算符位于两个操作数中间的表达式称为中缀表达式。例如:1+2*3 就是一个中缀表达式,中缀表达式是最常用的一种表达式方式。对中缀表达式的运算一般遵循"先乘除,后加减,从左到右计算,先括号内,后括号外"的规则。因此,中缀表达式不仅要依赖运算符优先级,而且还要处理括号。

所谓后缀表达式,就是运算符在操作数的后面,如 1+2*3 的后缀表达式为 123*+。在后缀表达式中已考虑了运算符的优先级,没有括号,只有操作数和运算符。

对后缀表达式求值过程是:从左到右读入后缀表达式,若读入的是一个操作数,就将它入数值栈;若读入的是一个运算符 op,就从数值栈中连续出栈两个元素(两个操作数),假设为 x 和 y,计算 x op y 之值,并将计算结果入数值栈。当对整个后缀表达式的读入结束时,栈顶元素就是计算结果。

算术表达式求值过程是：先将算术表达式转换成后缀表达式，然后对该后缀表达式求值。

假设算术表达式中的符号以字符形式由键盘输入，并存放在字符型数组 str 中，其后缀表达式存放在字符型数组 exp 中，在将算术表达式转换成后缀表达式的过程中用一个字符型数组 op 作为栈。将算术表达式转换成后缀表示的方法如下：

依次从键盘输入表达式中的字符 ch，对于每个 ch：

① 若 ch 为数字，将后续的所有数字均依次存放到字符数组 exp 中，并以"♯"标志数值串结束。

② 若 ch 为左括号"("，则将此括号进栈到运算符栈 op 中。

③ 若 ch 为右括号")"，则将运算符栈 op 中左括号"("以前的字符依次出栈，并存放到字符数组 exp 中，然后将左括号"("删除。

④ 若 ch 为"＋"或"－"，则将当前栈 op 中"("以前的所有字符（运算符）依次出栈，并存放到字符数组 exp 中，然后将 ch 入栈 op 中。

⑤ 若 ch 为"＊"或"/"，则将当前栈 op 中的栈顶连续的"＊"或"/"出栈，并依次存入字符数组 exp 中，然后将 ch 入栈 op 中。

⑥ 若字符串 str 扫描完毕，则将运算符栈 op 中的所有运算符依次出栈并存放到字符数组 exp 中，然后再将 ch 存入数组 exp 中，最后得到后缀表达式在字符数组 exp 中。

根据上述原理可以设计将算术表达式 str 转换成后缀表达式 exp 的 trans(char str[]，char exp[])算法。

下面考虑对后缀表达式求值，设计算法 compvalue(char exp[])。在后缀表达式求值算法中要用到一个数值栈 st，该算法实现过程如下：

后缀表达式存放在字符型数组 exp 中，从头开始依次扫描这个后缀表达式，当遇到运算数时，就把它插到数值栈 st 中；当遇到运算符时，就执行两次退栈，并根据该运算符对退栈的数值进行相应的运算，再把结果入栈 st。重复上述过程，直至后缀表达式 exp 扫描完毕，此时数值栈 st 中栈顶的数值即为表达式的值。求值过程如下：

while (从 exp 读取字符 ch，ch! ＝'\0')

$\{$

  若 ch 为数字，将后续的所有数字构成一个整数存放到数值栈 st 中。

  若 ch 为"＋"，则从数值栈 st 中退栈两个运算数，相加后进栈 st 中。

  若 ch 为"－"，则从数值栈 st 中退栈两个运算数，相减后进栈 st 中。

  若 ch 为"＊"，则从数值栈 st 中退栈两个运算数，相乘后进栈 st 中。

  若 ch 为"/"，则从数值栈 st 中退栈两个运算数，相除后进栈 st 中（若除数为 0，则提示相应的错误信息）。

$\}$

若字符串 exp 扫描完毕，则数值栈 op 中的栈顶元素就是表达式的值。

2. 运行结果示例

运行结果示例如图 3.8 所示。

图 3.8　表达式求值运行结果示例

拓展实训 5　模拟缓冲区

1. 问题描述

计算机的外部设备与 CPU 处理数据的速度不同,为了不影响高速设备的执行效率,可以为低速设备设定一个缓冲区。当高速设备要申请低速设备输出数据时,将要输出的数据添加到这个缓冲区的尾部,而低速设备则按照其原有的速度,从缓冲区头部取出数据进行处理即可。设计缓冲队列来模拟缓冲区,实现外设与 CPU 的匹配。

提示:缓冲区按照"先来先服务"的原则进行管理。所以,缓冲区实际上就是一个队列。由于顺序队列有存储空间数量的限制,因此,这里应选用链队列。

2. 运行结果示例

运行结果示例如图 3.9 所示。

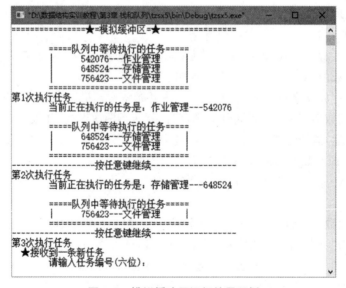

图 3.9　模拟缓冲区运行结果示例

　典型习题

一、选择题

1. 对于栈操作数据的原则是(　　)。

　　A. 先进先出　　　　B. 后进先出　　　　C. 后进后出　　　　D. 不分顺序

2. 设有三个元素 X,Y,Z 顺序进栈,下列(　　)是得不到的出栈排列。

　　A. Z X Y　　　　　　B. Y Z X　　　　　　　C. X Y Z　　　　　　D. Z Y X

　　3. 某栈的输入序列为 a,b,c,d,下面的（　　　）是不可能的输出序列。

　　　　A. a c b d　　　　　B. b c d a　　　　　　C. c d b a　　　　　D. d c a b

　　4. 设栈的输入序列是 1,2,3,4,则（　　　）不可能是其出栈序列。

　　　　A. 1 2 4 3　　　　　B. 2 1 3 4　　　　　　C. 1 4 3 2

　　　　D. 4 3 1 2　　　　　E. 3 2 1 4

　　5. 一个栈的输入序列为 1,2,3,4,5,则下列序列中不可能是栈的输出序列的是（　　　）。

　　　　A. 2 3 4 1 5　　　　B. 5 4 1 3 2　　　　　C. 2 3 1 4 5　　　　D. 1 5 4 3 2

　　6. 一个栈的输入序列为 1,2,3,4,5,则下列序列中,（　　　）是栈的合法输出序列。

　　　　A. 5 1 2 3 4　　　　B. 4 5 1 3 2　　　　　C. 4 3 1 2 5　　　　D. 3 2 1 5 4

　　7. 有六个元素按 6,5,4,3,2,1 的顺序进栈,下列（　　　）不是合法的出栈序列。

　　　　A. 3 4 6 5 2 1　　　B. 4 5 3 1 2 6　　　　C. 5 4 3 6 1 2　　　D. 2 3 4 1 5 6

　　8. 依次读入数据元素序列 {a,b,c,d,e,f,g} 进栈,每进一个元素,机器可要求下一个元素进栈或弹栈,如此进行,则栈空时弹出的元素构成的序列可能是（　　　）。

　　　　A. {d,e,c,f,b,g,a}　　　　　　　　　B. {f,e,g,d,a,c,b}

　　　　C. {e,f,d,g,b,c,a}　　　　　　　　　D. {c,d,b,e,f,a,g}

　　9. 一个栈的输入序列为 $1,2,3,\cdots,n$,若输出序列的第一个元素是 n,输出第 i($1 \leqslant i \leqslant n$)个元素是（　　　）。

　　　　A. 不确定　　　　　B. $n-i+1$　　　　　C. i　　　　　　　D. $n-i$

　　10. 一个栈的输入序列为 $1,2,3,\cdots,n$,若输出序列的第一个元素是 i,则第 j 个输出的元素是（　　　）。

　　　　A. $i-j-1$　　　　　B. $i-j$　　　　　　C. $j-i+1$　　　　　D. 不确定

　　11. 若已知一个栈的入栈序列是 $1,2,3,\cdots,n$,其输出序列为 $p_1,p_2,p_3,\cdots,p_n$,若 p_n 是 n,则 p_i 是（　　　）。

　　　　A. i　　　　　　　B. $n-i$　　　　　　C. $n-i+1$　　　　　D. 不确定

　　12. 若已知一个栈的入栈序列是 $1,2,3,\cdots,n$,其输出序列为 $p_1,p_2,p_3,\cdots,p_n$,若 p_1 是 n,则 p_i 是（　　　）。

　　　　A. i　　　　　　　B. $n-i$　　　　　　C. $n-i+1$　　　　　D. 不确定

　　13. 若已知一个栈的入栈序列是 $1,2,3,\cdots,n$,其输出序列为 $p_1,p_2,p_3,\cdots,p_n$,若 p_1 是 3,则 p_2 是（　　　）。

　　　　A. 一定是 2　　　　B. 一定是 1　　　　　C. 不可能是 1　　　　D. 以上都不对

　　14. 在做进栈运算时,应先判别栈是否（　①　）,在做退栈运算时应先判别栈是否（　②　）。当栈中元素为 n 个,做进栈运算时发生上溢,则说明该栈的最大容量为（　③　）。为了增加内存空间的利用率和减少溢出的可能性,由两个栈共享一片连续的内存空间时,应将两栈的（　④　）分别设在这片内存空间的两端。这样,当（　⑤　）时,才产生上溢。

　　　　①,②:A. 空　　　　　B. 满　　　　　　　C. 上溢　　　　　　D. 下溢

　　　　③:A. $n-1$　　　　　B. n　　　　　　　C. $n+1$　　　　　　D. $n/2$

　　　　④:A. 长度　　　　　B. 深度　　　　　　C. 栈顶　　　　　　D. 栈底

　　　　⑤:A. 两个栈的栈顶同时到达栈空间的中心点

　　　　　　B. 其中一个栈的栈顶到达栈空间的中心点

C. 两个栈的栈顶在栈空间的某一位置相遇

D. 两个栈均不空,且一个栈的栈顶到达另一个栈的栈底

15. 输入序列为 A,B,C,可以变为 C,B,A 时,经过的栈操作为(　　)。

A. push,pop,push,pop,push,pop　　　　B. push,push,push,pop,pop,pop

C. push,push,pop,pop,push,pop　　　　D. push,pop,push,push,pop,pop

16. 若一个栈以向量 $V[1..n]$ 存储,初始栈顶指针 top 为 $n+1$,则下面 x 进栈的正确操作是(　　)。

A. top = top + 1;　$V[top] = x$;　　　B. $V[top] = x$;　top = top + 1;

C. top = top − 1;　$V[top]: = x$;　　　D. $V[top] = x$;　top = top − 1;

17. 若栈采用顺序存储方式存储,现两栈共享空间 $V[1..m]$,top$[i]$代表第 i 个栈($i=1,2$)的栈顶,栈 1 的底在 $V[1]$,栈 2 的底在 $V[m]$,则栈满的条件是(　　)。

A. $|top[2] − top[1]| = 0$　　　　B. $top[1] + 1 = top[2]$

C. $top[1] + top[2] = m$　　　　D. $top[1] = top[2]$

18. 栈在(　　)中应用。

A. 递归调用　　B. 子程序调用　　C. 表达式求值　　D. A、B 和 C

19. 一个递归算法必须包括(　　)。

A. 递归部分　　　　　　　　B. 终止条件和递归部分

C. 迭代部分　　　　　　　　D. 终止条件和迭代部分

20. 递归过程或函数调用时,处理参数及返回地址,要用一种称为(　　)的数据结构。

A. 队列　　　B. 多维数组　　　C. 栈　　　D. 线性表

21. 表达式 a * (b + c) − d 的后缀表达式是(　　)。

A. abc + * d −　　B. abcd * + −　　C. abc * + d −　　D. − + * abcd

22. 设计一个判别表达式中左右括号是否配对出现的算法,采用(　　)数据结构最佳。

A. 顺序表　　　B. 队列　　　C. 链表　　　D. 栈

23. 用链接方式存储的队列,在进行删除运算时(　　)。

A. 仅修改头指针　　　　　　B. 仅修改尾指针

C. 头、尾指针都要修改　　　　D. 头、尾指针可能都要修改

24. 用单链表表示的链式队列的队头在链表的(　　)位置。

A. 链头　　　B. 链尾　　　C. 链中

25. 用不带头结点的单链表存储队列时,其队头指针指向队头结点,其队尾指针指向队尾结点,则在进行删除操作时(　　)。

A. 仅修改队头指针　　　　　　B. 仅修改队尾指针

C. 队头、队尾指针都要修改　　　　D. 队头、队尾指针都可能要修改

26. 假设以数组 $A[m]$ 存放循环队列的元素,其头尾指针分别为 front 和 rear,则当前队列中的元素个数为(　　)。

A. $(rear − front + m)\%m$　　　　B. $rear − front + 1$

C. $(front − rear + m)\%m$　　　　D. $(rear − front)\%m$

27. 循环队列存储在数组 $A[0..m]$ 中,则入队时的操作为(　　)。

A. rear = rear + 1　　　　B. rear = (rear + 1) mod $(m − 1)$

C. rear = (rear + 1) mod m　　　　D. rear = (rear + 1) mod $(m + 1)$

28. 若用一个大小为 6 的数组来实现循环队列，且当前 rear 和 front 的值分别为 0 和 3，当从队列中删除一个元素，再加入两个元素后，rear 和 front 的值分别为（　　）。

A. 1 和 5　　　　　　B. 2 和 4　　　　　　C. 4 和 2　　　　　　D. 5 和 1

29. 已知输入序列为 abcd，经过输出受限的双向队列后能得到的输出序列有（　　）。

A. dacb　　　　　　B. cadb　　　　　　C. dbca　　　　　　D. bdac

E. 以上答案都不对

30. 若以 1234 作为双端队列的输入序列，则既不能由输入受限的双端队列得到，也不能由输出受限的双端队列得到的输出序列是（　　）。

A. 1234　　　　　　B. 4132　　　　　　C. 4231　　　　　　D. 4213

31. 最大容量为 n 的循环队列，队尾指针是 rear，队头是 front，则队空的条件是（　　）。

A.（rear＋1）% n ＝＝front　　　　　　B. rear ＝＝front

C. rear＋1 ＝＝front　　　　　　　　　　D.（rear－1）% n ＝＝front

32. 栈和队列的共同点是（　　）。

A. 都是先进先出　　　　　　　　　　　B. 都是先进后出

C. 只允许在端点处插入和删除元素　　　D. 没有共同点

33. 设栈 S 和队列 Q 的初始状态为空，元素 e1，e2，e3，e4，e5 和 e6 依次通过栈 S，一个元素出栈后即进队列 Q，若 6 个元素出队的序列是 e2，e4，e3，e6，e5，e1 则栈 S 的容量至少应该是（　　）。

A. 6　　　　　　B. 4　　　　　　C. 3　　　　　　D. 2

34. 栈的特点是（ ① ），队列的特点是（ ② ）。若进栈序列为 1，2，3，4，则（ ③ ）不可能是一个出栈序列；若进队列的序列为 1，2，3，4，则（ ④ ）是一个出队列序列。

①，②：A. 先进先出　　　B. 后进先出　　　C. 进优于出　　　D. 出优于进

③，④：A. 3，2，1，4　　　B. 3，2，4，1　　　C. 4，2，3，1　　　D. 4，3，2，1

E. 1，2，3，4

35. 栈和队都是（　　）。

A. 顺序存储的线性结构　　　　　　　　B. 链式存储的非线性结构

C. 限制存取点的线性结构　　　　　　　D. 限制存取点的非线性结构

二、填空题

1. 栈是＿＿＿＿＿＿＿的线性表，其运算遵循＿＿＿＿＿＿＿的原则。

2. ＿＿＿＿＿＿＿是限定仅在表尾进行插入或删除操作的线性表。

3. 一个栈的输入序列是 1，2，3，则不可能的栈输出序列是＿＿＿＿＿＿＿。

4. 已知一个栈的输入序列是 1，2，3，…，n，其输出序列是 p_1，p_2，…，p_n，若 $p_1＝n$，则 p_i 的值是＿＿＿＿＿＿＿。

5. 设有一个空栈，栈顶指针为 1000H（十六进制），现有输入序列为 1，2，3，4，5，经过 PUSH，PUSH，POP，PUSH，POP，PUSH，PUSH 之后，输出序列是＿＿＿＿＿＿＿，而栈顶指针值是＿＿＿＿＿＿＿。设栈为顺序栈，每个元素占 4 个字节。

6. 用 S 表示入栈操作，X 表示出栈操作，若元素入栈的顺序为 1234，为了得到 1342 出栈顺序，相应的 S 和 X 的操作串为＿＿＿＿＿＿＿。

7. 顺序栈用 data$[1..n]$存储,栈顶指针是 top,则值为 x 的元素的入栈操作是_____。

8. 表达式求值是_____应用的一个典型例子。

9. 两个栈共享空间时栈满的条件是_____。

10. 多个栈共存时,最好用_____作为存储结构。

11. 当两个栈共享一存储区时,栈利用一维数组 data$(1, n)$表示,两栈顶指针为 top$[1]$ 与 top$[2]$,则当栈 1 空时,top$[1]$为_____,栈 2 空时,top$[2]$为_____,栈满时为_____。

12. 在做进栈运算时应先判别栈是否_____;在做退栈运算时应先判别栈是否_____;当栈中元素为 n 个,做进栈运算时发生上溢,则说明该栈的最大容量为_____。

13. 为了增加内存空间的利用率和减少溢出的可能性,由两个栈共享一片连续的空间时,应将两栈的_____分别设在内存空间的两端,这样只有当_____时才产生溢出。

14. _____又称作先进先出表。

15. 队列是限制插入只能在表的一端,而删除在表的另一端进行的线性表,其特点是_____。

16. 循环队列的引入,目的是为了克服_____。

17. 用下标 0 开始的 N 元数组实现循环队列时,为实现下标变量 M 加 1 后在数组有效下标范围内循环,可采用的表达式是 $M =$_____。

18. 区分循环队列的满与空,只有两种方法,它们是_____和_____。

19. 设循环队列用数组 $A[1..M]$表示,队首、队尾指针分别是 FRONT 和 TAIL,判定队满的条件为_____。

20. 设循环队列存放在向量 $sq.data[0:M]$中,则队头指针 $sq.front$ 在循环意义下的出队操作可表示为_____,若牺牲一个单元来区分队满和队空(设队尾指针 $sq.rear$),则队满的条件为_____。

21. 已知链队列的头尾指针分别是 f 和 r,则将 s 结点入队的操作序列是_____。

22. 循环队列用数组 $A[0..m-1]$存放其元素值,已知其头尾指针分别是 front 和 rear,则当前队列的元素个数是_____。

三、判断题

1. 若输入序列为 1,2,3,4,5,6,则通过一个栈可以输出序列 3,2,5,6,4,1。 （　　　）

2. 若输入序列为 1,2,3,4,5,6,则通过一个栈可以输出序列 1,5,4,6,2,3。 （　　　）

3. 栈是实现过程和函数等子程序所必需的结构。 （　　　）

4. 消除递归不一定需要使用栈。 （　　　）

5. 任何一个递归过程都可以转换成非递归过程。 （　　　）

6. 即使对不含相同元素的同一输入序列进行两组不同的合法的入栈和出栈组合操作,所得的输出序列也一定相同。 （　　　）

7. n 个数顺序(依次)进栈,出栈序列有$[1/(n+1)]*(2n)!/[(n!)*(n!)]$种。

（　　　）

8. 两个栈共享一片连续内存空间时,为提高内存利用率,减少溢出机会,应把两个栈的栈底分别设在这片内存空间的两端。 （　　）

9. 两个栈共用静态存储空间,头部相对使用就可以避免空间溢出问题。 （　　）

10. 队列是一种插入与删除操作分别在表的两端进行的线性表,是一种先进后出型结构。 （　　）

11. 通常使用队列来处理函数或过程的调用。 （　　）

12. 循环队列通常用指针来实现队列的头尾相接。 （　　）

13. 循环队列也存在空间溢出问题。 （　　）

14. 栈和队列都是线性表,只是在插入和删除时受到了一些限制。 （　　）

15. 队列和栈都是运算受限的线性表,只允许在表的两端进行运算。 （　　）

16. 栈和队列的存储方式,既可以是顺序方式,又可以是链式方式。 （　　）

17. 栈和队列都是限制存取点的线性结构。 （　　）

四、算法设计题

1. 设火车调度站的入口处有 n 节硬席或软席车厢(分别用 H 和 S 表示)等待调度,要求:所有的软席车厢要调到硬席车厢的前面。编写一个算法来模拟对这 n 节车厢进行调度的过程,输出调度后的车厢排列序列。

2. 用两个栈 s1 和 s2 来模拟一个队列。已知栈的三个运算定义如下,Push(s,x):元素 x 入 s 栈;Pop(s,x):栈 s 的栈顶元素出栈并赋值给 x;StackEmpty(s):判断栈 s 是否为空。请利用栈的运算来实现队列的 enQueue(入队)、deQueue(出队)、QueueEmpty(判队空)。

3. 对循环队列和链队列,分别编写一个遍历并依次显示队列中元素的算法。

4. 编写一个算法,利用队列的基本操作求斐波那契数列 $a_0 = 0, a_1 = 1, \cdots, a_n = a_{n-1} + a_{n-2}$ 的前 $n+1$ 项。

第4章 串

实训项目

基础实训1 顺序串的基本操作

1. 实验目的

（1）理解并掌握串的顺序存储结构；

（2）掌握顺序串基本运算算法；

（3）编程实现顺序串的各种基本操作。

2. 实验内容

（1）编写顺序串的基本运算函数：

① void StrAssign(SqString & s, char cstr[])：生成其值等于 cstr 的顺序串 s；

② int StrLength(SqString s)：求顺序串 s 的长度；

③ int StrEqual(SqString s，SqString t)：判断顺序串 s 和顺序串 t 是否相等；

④ SqString Concat(SqString s,SqString t)：返回由顺序串 s 和串 t 连接形成的新串；

⑤ SqString SubStr(SqString s, int i, int j)：返回顺序串 s 中从第 $i(1 \leqslant i \leqslant n)$ 个字符开始的连续 j 个字符组成的子串；

⑥ SqString InsStr(SqString s1, int i, SqString s2)：将顺序串 s2 插到顺序串 s1 的第 $i(1 \leqslant i \leqslant n+1)$ 个字符中，并返回产生的新串；

⑦ SqString DelStr(SqString s, int i, int j)：从顺序串 s 中删去从第 $i(1 \leqslant i \leqslant n)$ 个字符开始的长度为 j 的子串，并返回产生的新串；

⑧ SqString RepStr(SqString s, int i, int j, SqString t)：在顺序串 s 中，将第 $i(1 \leqslant i \leqslant n)$ 个字符开始的 j 个字符构成的子串用顺序串 t 替换，并返回产生的新串；

⑨ void DispStr(SqString s)：输出顺序串 s 的所有元素值。

（2）编写一个主程序，调用上述函数，完成以下功能：

① 建立串 s1、串 s2 和串 s3；

② 判断串 s1 和串 s2 是否相等；

③ 在串 s1 的第 8 个字符位置插入串 s3 产生新串 s4；

④ 删除串 s4 第 8 个字符开始的 4 个字符而产生串 s4；

⑤ 提取串 s2 的第 11 个字符开始的 7 个字符而产生串 s4；

⑥ 将串 s1 第 8 个字符开始的 7 个字符替换成串 s4 而产生串 s4；

⑦ 将串 s1、s2 和串 s3 连接起来而产生串 s4；

⑧ 求串 s4 的长度。

3．程序实现

完整代码如下：

```
#include <stdio.h>
#define MaxSize 100                        /*最多的字符个数*/
typedef struct
{   char data[MaxSize];                    /*定义可容纳 MaxSize 个字符的空间*/
    int len;                               /*标记当前实际串长*/
}SqString;
void StrAssign(SqString &str,char cstr[])  /*str 为引用型参数*/
{
    int i;
    for (i=0;cstr[i]!='\0';i++)
        str.data[i]=cstr[i];
    str.len=i;
}
int StrEqual(SqString s,SqString t)
{
    int same=1,i;
    if (s.len!=t.len)                      /*长度不相等时返回 0*/
        same=0;
    else
    {
        for (i=0;i<s.len;i++)
            if (s.data[i]!=t.data[i])      /*有一个对应字符不相同时返回 0*/
                same=0;
    }
    return same;
}
int StrLength(SqString s)
{
    return s.len;
}
SqString Concat(SqString s,SqString t)
{
    SqString str;
    int i;
    str.len=s.len+t.len;
    for (i=0;i<s.len;i++)                   /*将 s.ch[0]~s.ch[s.len-1]复制到 str*/
        str.data[i]=s.data[i];
    for (i=0;i<t.len;i++)                   /*将 t.ch[0]~t.ch[t.len-1]复制到 str*/
        str.data[s.len+i]=t.data[i];
    return str;
}
SqString SubStr(SqString s,int i,int j)
```

```
{
    SqString str；
    int k；
    str.len=0；
    if (i<=0 ‖ i>s.len ‖ j<0 ‖ i+j-1>s.len)
    {
        printf("参数不正确\n")；
        return str；                    /*参数不正确时返回空串*/
    }
    for (k=i-1;k<i+j-1;k++)            /*将s.ch[i]~s.ch[i+j]复制到str*/
        str.data[k-i+1]=s.data[k]；
    str.len=j；
    return str；
}
SqString InsStr(SqString s1,int i,SqString s2)
{
    int j；
    SqString str；
    str.len=0；
    if (i<=0 ‖ i>s1.len+1)             /*参数不正确时返回空串*/
    {
        printf("参数不正确\n")；
        return str；
    }
    for (j=0;j<i-1;j++)                /*将s1.ch[0]~s1.ch[i-2]复制到str*/
        str.data[j]=s1.data[j]；
    for (j=0;j<s2.len;j++)             /*将s2.ch[0]~s2.ch[s2.len-1]复制到str*/
        str.data[i+j-1]=s2.data[j]；
    for (j=i-1;j<s1.len;j++)           /*将s1.ch[i-1]~s.ch[s1.len-1]复制到str*/
        str.data[s2.len+j]=s1.data[j]；
    str.len=s1.len+s2.len；
    return str；
}
SqString DelStr(SqString s,int i,int j)
{
    int k；
    SqString str；
    str.len=0；
    if (i<=0 ‖ i>s.len ‖ i+j>s.len+1) /*参数不正确时返回空串*/
    {
        printf("参数不正确\n")；
        return str；
    }
    for (k=0;k<i-1;k++)                /*将s.ch[0]~s.ch[i-2]复制到str*/
```

```
        str.data[k] = s.data[k];
        for (k = i + j - 1;k<s.len;k + + )          /* 将 s.ch[i+j-1]~ch[s.len-1]复制到 str */
            str.data[k - j] = s.data[k];
        str.len = s.len - j;
        return str;
}
SqString RepStr(SqString s,int i,int j,SqString t)
{
        int k;
        SqString str;
        str.len = 0;
        if (i< = 0 ‖ i>s.len ‖ i + j - 1>s.len)   /* 参数不正确时返回空串 */
        {
            printf("参数不正确\n");
            return str;
        }
        for (k = 0;k<i - 1;k + + )                 /* 将 s.ch[0]~s.ch[i-2]复制到 str */
            str.data[k] = s.data[k];
        for (k = 0;k<t.len;k + + )                 /* 将 t.ch[0]~t.ch[t.len-1]复制到 str */
            str.data[i + k - 1] = t.data[k];
        for (k = i + j - 1;k<s.len;k + + )         /* 将 s.ch[i+j-1]~ch[s.len-1]复制到 str */
            str.data[t.len + k - j] = s.data[k];
        str.len = s.len - j + t.len;
        return str;
}
void DispStr(SqString str)
{
        int i;
        if (str.len>0)
        {
            for (i = 0;i<str.len;i + + )
                printf("%c",str.data[i]);
            printf("\n");
        }
}
int main()
{
        charstr1[] = "I_am_a_student!",str2[] = "You_are_a_teacher!",str3[] = "good_";
        SqString s1,s2,s3,s4;
        printf("(1)建立串 s1、串 s2 和串 s3\n");
        StrAssign(s1,str1);StrAssign(s2,str2);StrAssign(s3,str3);
        printf("\ts1 = ");DispStr(s1);
        printf("\ts2 = ");DispStr(s2);
        printf("\ts3 = ");DispStr(s3);
```

```
    printf("(2)串 s1 和串 s2 相等？\n\t%s！\n",StrEqual(s1,s2)?"相等":"不相等");
    printf("(3)在串 s1 的第 8 个字符位置插入串 s3 产生新串 s4\n");
    s4 = InsStr(s1,8,s3);
    printf("\ts4 = ");DispStr(s4);
    printf("(4)删除串 s4 第 8 个字符开始的 4 个字符而产生串 s4\n");
    s4 = DelStr(s4,8,4);
    printf("\ts4 = ");DispStr(s4);
    printf("(5)提取串 s2 的第 11 个字符开始的 7 个字符而产生串 s4\n");
    s4 = SubStr(s2,11,7);
    printf("\ts4 = ");DispStr(s4);
    printf("(6)将串 s1 第 8 个字符开始的 7 个字符替换成串 s4 而产生串 s4\n");
    s4 = RepStr(s1,8,7,s4);
    printf("\ts4 = ");DispStr(s4);
    printf("(7)将串 s1、s2 和串 s3 连接起来而产生串 s4\n");
    s4 = Concat(s1,s2);
    s4 = Concat(s4,s3);
    printf("\ts4 = ");DispStr(s4);
    printf("(8)串 s4 的长度为:%d\n",StrLength(s4));
    return 0;
}
```

4．运行结果

运行结果如图 4.1 所示。

图 4.1　运行结果截图

基础实训 2　链串的基本操作

1．实验目的

(1) 理解并掌握串的链式存储结构；

(2) 掌握结点大小为 1 的链串的基本运算算法；

(3) 编程实现链串的各种基本操作。

2．实验内容

(1) 编写链串的基本运算函数：

① void StrAssign(LiString ∗ & s,char cstr[ ]):生成其值等于 cstr 的链串 s;

② int StrLength(LiString ∗ s):求链串 s 的长度;

③ int StrEqual(LiString ∗ s,LiString ∗ t):判断链串 s 和链串 t 是否相等;

④ LiString ∗ Concat(LiString ∗ s, LiString ∗ t):返回由链串 s 和串 t 连接形成的新串;

⑤ LiString ∗ SubStr(LiString ∗ s, int i, int j):返回链串 s 中从第 $i(1 \leqslant i \leqslant n)$ 个字符开始的连续 j 个字符组成的子串;

⑥ LiString ∗ InsStr(LiString ∗ s1, int i, LiString ∗ s2):将链串 s2 插到链串 s1 的第 $i(1 \leqslant i \leqslant n+1)$ 个字符中,并返回产生的新串;

⑦ LiString ∗ DelStr(LiString ∗ s, int i, int j):从链串 s 中删去从第 $i(1 \leqslant i \leqslant n)$ 个字符开始的长度为 j 的子串,并返回产生的新串;

⑧ LiString ∗ RepStr(LiString ∗ s, int i, int j, LiString ∗ t):在链串 s 中,将第 $i(1 \leqslant i \leqslant n)$ 个字符开始的 j 个字符构成的子串用链串 t 替换,并返回产生的新串;

⑨ void DispStr(LiString ∗ s):输出链串 s 的所有元素值。

(2) 编写一个主程序,调用上述函数,完成以下功能:

① 建立串 s1、串 s2 和串 s3;

② 判断串 s1 和串 s2 是否相等;

③ 在串 s1 的第 8 个字符位置插入串 s3 产生新串 s4;

④ 删除串 s4 第 8 个字符开始的 4 个字符而产生串 s4;

⑤ 提取串 s2 的第 11 个字符开始的 7 个字符而产生串 s4;

⑥ 将串 s1 第 8 个字符开始的 7 个字符替换成串 s4 而产生串 s4;

⑦ 将串 s1、s2 和串 s3 连接起来而产生串 s4;

⑧ 求串 s4 的长度。

3. 程序实现

完整代码如下:

```c
#include <stdio.h>
#include <malloc.h>
typedef struct snode
{   char data;                 /* 链串结点大小为 1 */
    struct snode ∗ next;
}LiString;
void StrAssign(LiString ∗&s,char cstr[ ])
{   int i;
    LiString ∗ r, ∗ p;
    s = (LiString ∗)malloc(sizeof(LiString));
    r = s;                     /* r 始终指向尾结点 */
    for (i = 0; cstr[i]! = '\0'; i++)
    {   p = (LiString ∗)malloc(sizeof(LiString));
        p->data = cstr[i];
        r->next = p;
        r = p;
```

```
    }
    r->next=NULL;                          /*尾结点的 next 域置空*/
}
int StrLength(LiString *s)
{   int i=0;
    LiString *p=s->next;
    while (p!=NULL)
    {   i++;
        p=p->next;
    }
    return i;
}
int StrEqual(LiString *s,LiString *t)
{   LiString *p=s->next, *q=t->next;       /*p 和 q 分别扫描串 s 和 t 的数据结点*/
    while (p!=NULL && q!=NULL && p->data==q->data)
    {   p=p->next;
        q=q->next;
    }
    if (p==NULL && q==NULL)                 /*串 s 和 t 的长度相等且对应字符相同*/
        return 1;
    else
        return 0;
}
LiString *Concat(LiString *s, LiString *t)
{   LiString *str, *p=s->next, *q, *r;      /*p 指向串 s 的第一个数据结点*/
    str=(LiString *)malloc(sizeof(LiString));
    r=str;                                  /*r 为串 str 的尾结点指针*/
    while (p!=NULL)                          /*用 p 扫描串 s 的所有数据结点*/
    {   q=(LiString *)malloc(sizeof(LiString));
        q->data=p->data;                    /*复制 p 结点的值到 q 结点*/
        r->next=q;   r=q;                   /*将 q 结点插入到串 str 的末尾*/
        p=p->next;
    }
    p=t->next;                              /*p 指向串 t 的第一个数据结点*/
    while (p!=NULL)                          /*用 p 扫描串 t 的所有数据结点*/
    {   q=(LiString *)malloc(sizeof(LiString));
        q->data=p->data;                    /*复制 p 结点的值到 q 结点*/
        r->next=q;   r=q;                   /*将 q 结点插到串 str 的末尾*/
        p=p->next;
    }
    r->next=NULL;                           /*尾结点的 next 域置空*/
    return str;
}
LiString *SubStr(LiString *s, int i, int j)
```

```
{    int k;
     LiString * str, * p = s - >next, * q, * r;
     str = (LiString * )malloc(sizeof(LiString));
     str - >next = NULL;                    / * 构造表示结果的空串 str * /
     r = str;                               / * r 为串 str 的尾指针 * /
     if (i< = 0 ‖ i>StrLength(s) ‖ j<0 ‖ i+j-1>StrLength(s))
     {    printf("参数不正确\n");
          return str;                       / * 参数不正确时返回空串 * /
     }
     for (k = 1; k<i; k + + )               / * 让 p 指向链串 s 的第 i 个结点 * /
          p = p - >next;
     for (k = 1; k< = j; k + + )            / * 将链串 s 从第 i 个结点开始的 j 个结点 = >str * /
     {    q = (LiString * )malloc(sizeof(LiString));
          q - >data = p - >data;
          r - >next = q;   r = q;
          p = p - >next;
     }
     r - >next = NULL;                      / * 尾结点的 next 域置空 * /
     return str;
}
LiString * InsStr(LiString * s1, int i, LiString * s2)
{    int k;
     LiString * str, * p = s1 - >next, * p1 = s2 - >next, * q, * r;
     str = (LiString * )malloc(sizeof(LiString));
     str - >next = NULL;
     r = str;
     if (i< = 0 ‖ i>StrLength(s1) + 1)
     {    printf("参数不正确\n");
          return str;                       / * 参数不正确时返回空串 * /
     }
     for (k = 1; k<i; k + + )               / * 将 s1 的前 i 个结点复制到 str * /
     {    q = (LiString * )malloc(sizeof(LiString));
          q - >data = p - >data;
          r - >next = q;   r = q;
          p = p - >next;
     }
     while (p1! = NULL)                     / * 将 s2 的所有结点复制到 str * /
     {    q = (LiString * )malloc(sizeof(LiString));
          q - >data = p1 - >data;
          r - >next = q;   r = q;
          p1 = p1 - >next;
     }
     while (p! = NULL)                      / * 将 * p 及其后的结点复制到 str * /
     {    q = (LiString * )malloc(sizeof(LiString));
```

```
        q->data = p->data;
        r->next = q;  r = q;
        p = p->next;
    }
    r->next = NULL;                        /*尾结点的 next 域置空*/
    return str;
}
LiString * DelStr(LiString * s, int i, int j)
{   int k;
    LiString * str, * p = s->next, * q, * r;
    str = (LiString * )malloc(sizeof(LiString));
    str->next = NULL;
    r = str;
    if (i<=0 || i>StrLength(s) || j<0 || i+j-1>StrLength(s))
    {   printf("参数不正确\n");
        return str;                        /*参数不正确时返回空串*/
    }
    for (k=1; k<i; k++)                    /*将 s 的前 i-1 个结点复制到 str*/
    {   q = (LiString * )malloc(sizeof(LiString));
        q->data = p->data;
        r->next = q;  r = q;
        p = p->next;
    }
    for (k=0; k<j; k++)                    /*让 p 指向第 j 个结点*/
        p = p->next;
    while (p! = NULL)                      /*将 *p 及其后的结点复制到 str*/
    {   q = (LiString * )malloc(sizeof(LiString));
        q->data = p->data;
        r->next = q;  r = q;
        p = p->next;
    }
    r->next = NULL;
    return str;
}
LiString * RepStr(LiString * s, int i, int j, LiString * t)
{   int k;
    LiString * str, * p = s->next, * p1 = t->next, * q, * r;
    str = (LiString * )malloc(sizeof(LiString));
    str->next = NULL;
    r = str;
    if (i<=0 || i>StrLength(s) || j<0 || i+j-1>StrLength(s))
    {   printf("参数不正确\n");
        return str;                        /*参数不正确时返回空串*/
    }
```

```
    for (k=0;k<i-1; k++)                /* 将 s 的前 i-1 个数据结点复制到 str */
    {   q=(LiString *)malloc(sizeof(LiString));
        q->data=p->data;   q->next=NULL;
        r->next=q;   r=q;
        p=p->next;
    }
    for (k=0; k<j; k++)                 /* 让 p 指向第 j 个结点 */
        p=p->next;
    while (p1!=NULL)                    /* 将 t 的所有数据结点复制到 str */
    {   q=(LiString *)malloc(sizeof(LiString));
        q->data=p1->data;   q->next=NULL;
        r->next=q;   r=q;
        p1=p1->next;
    }
    while (p!=NULL)                     /* 将 *p 及其后的结点复制到 str */
    {   q=(LiString *)malloc(sizeof(LiString));
        q->data=p->data;   q->next=NULL;
        r->next=q;   r=q;
        p=p->next;
    }
    r->next=NULL;
    return str;
}
void DispStr(LiString *s)
{   LiString *p=s->next;
    while (p!=NULL)
    {   printf("%c",p->data);
        p=p->next;
    }
    printf("\n");
}
int main()
{
    char str1[]="I_am_a_student!",str2[]="You_are_a_teacher!",str3[]="good_";
    LiString *s1,*s2,*s3,*s4;
    printf("(1)建立串 s1、串 s2 和串 s3\n");
    StrAssign(s1,str1);StrAssign(s2,str2);StrAssign(s3,str3);
    printf("\ts1 = ");DispStr(s1);
    printf("\ts2 = ");DispStr(s2);
    printf("\ts3 = ");DispStr(s3);
    printf("(2)串 s1 和串 s2 相等? \n\t%s! \n",StrEqual(s1,s2)?"相等":"不相等");
    printf("(3)在串 s1 的第 8 个字符位置插入串 s3 产生新串 s4\n");
    s4=InsStr(s1,8,s3);
    printf("\ts4 = ");DispStr(s4);
```

```
printf("(4)删除串s4第8个字符开始的4个字符而产生串s4\n");
s4 = DelStr(s4,8,4);
printf("\ts4 = ");DispStr(s4);
printf("(5)提取串s2的第11个字符开始的7个字符而产生串s4\n");
s4 = SubStr(s2,11,7);
printf("\ts4 = ");DispStr(s4);
printf("(6)将串s1第8个字符开始的7个字符替换成串s4而产生串s4\n");
s4 = RepStr(s1,8,7,s4);
printf("\ts4 = ");DispStr(s4);
printf("(7)将串s1、s2和串s3连接起来而产生串s4\n");
s4 = Concat(s1,s2);
s4 = Concat(s4,s3);
printf("\ts4 = ");DispStr(s4);
printf("(8)串s4的长度为:%d\n",StrLength(s4));
return 0;
}
```

4. 运行结果

运行结果如图4.2所示。

图 4.2　运行结果截图

<h2 align="center">基础实训 3　顺序串的模式匹配</h2>

1. 实验目的

(1) 理解并掌握模式匹配的概念;

(2) 掌握顺序串上的模式匹配算法(BF算法和KMP算法);

(3) 设计对顺序串进行模式匹配操作的用户界面;

(4) 编程实现顺序串的BF模式匹配和KMP模式匹配操作。

2. 实验内容

(1) 编写顺序串上的模式匹配算法:

① void Menu():菜单函数;

② int BFIndex(SqString s, SqString t):BF模式匹配;

③ void GetNext(SqString t，int next[])：求模式串 *t* 的 next 数组；

④ void GetNextval(SqString t，int nextval[])：求模式串 *t* 的 nextval 数组；

⑤ int KMPIndex(SqString s，SqString t)：KMP 模式匹配。

（2）编写一个主程序，调用上述函数，实现顺序串的模式匹配并给出匹配结果。

3．程序实现

完整代码如下：

```
#include <stdio.h>
#include <stdlib.h>
#include <string.h>
#define MaxSize 100                    /* 最多的字符个数 */
typedef struct
{   char data[MaxSize];                /* 定义可容纳 MaxSize 个字符的空间 */
    int len;                           /* 标记当前实际串长 */
}SqString;
void StrAssign(SqString &str,char cstr[])   /* str 为引用型参数 */
{   int i;
    for (i=0;cstr[i]!='\0';i++)
        str.data[i]=cstr[i];
    str.len=i;
}
void DispStr(SqString str)
{   int i;
    if (str.len>0)
    {
        for (i=0;i<str.len;i++)
            printf("%c",str.data[i]);
        printf("\n");
    }
}
int BFIndex(SqString s, SqString t)
{   int i=0, j=0;
    while (i<s.len && j<t.len)
    {   if (s.data[i]==t.data[j])        /* 对应位置的字符相等 */
        {   i++;
            j++;                         /* 主串和子串依次匹配下一个字符 */
        }
        else
        {   i=i-j+1;                     /* 主串指针回溯,从下一个位置开始匹配 */
            j=0;                         /* 子串指针回溯,从头开始匹配 */
        }
    }
    if (j>=t.len)
        return (i-t.len);                /* 返回匹配成功时的第一个字符的下标 */
```

```
        else
            return -1;                          /* 返回-1,模式匹配失败 */
    }
    void GetNext(SqString t,int next[])         /* 由模式串 t 求出 next 值 */
    {   int j=0,k=-1;
        next[0]=-1;
        while (j<t.len-1)
        {
            if (k==-1 || t.data[j]==t.data[k])
            {
                j++;k++;
                next[j]=k;
            }
            else k=next[k];
        }
    }

    void GetNextval(SqString t,int nextval[])    /* 由模式串 t 求出 nextval 值 */
    {   int j=0,k=-1;
        nextval[0]=-1;
        while (j<t.len)
        {
            if (k==-1 || t.data[j]==t.data[k])
            {
                j++;k++;
                if (t.data[j]!=t.data[k])
                    nextval[j]=k;
                else
                    nextval[j]=nextval[k];
            }
            elsek=nextval[k];
        }
    }
    int KMPIndex(SqString s,SqString t)          /* KMP 算法 */
    {   int next[MaxSize],i=0,j=0;
        GetNext(t,next);
        while (i<s.len && j<t.len)
        {
            if (j==-1 || s.data[i]==t.data[j])
            {
                i++;j++;
            }                                    /* i,j 各增 1 */
            else j=next[j];                      /* i 不变,j 后退 */
        }
        if (j>=t.len)
```

```
            return i－t.len;                    /*返回匹配模式串的首字符下标*/
        else
            return －1;                         /*返回不匹配标志*/
}
int KMPIndex1(SqString s,SqString t)           /*改进的 KMP 算法*/
{    int nextval[MaxSize], i＝0, j＝0;
     GetNextval(t,nextval);
     while (i＜s.len && j＜t.len)
     {
         if (j＝＝－1 ‖ s.data[i]＝＝t.data[j])
         {
             i＋＋; j＋＋;
         }
         else j＝nextval[j];
     }
     if (j＞＝t.len)
         return i－t.len;                        /*返回匹配模式串的首字符下标*/
     else return －1;
}
void Menu()
{    system("CLS");
     printf("\n                    顺序串的模式匹配");
     printf("\n\t\t* * * * * * * * * * * * * * * * * * * * * * * * * * * *");
     printf("\n\t\t|          1－－－－－BF 算法              |");
     printf("\n\t\t|          2－－－－－KMP 算法             |");
     printf("\n\t\t|          0－－－－－退出                 |");
     printf("\n\t\t* * * * * * * * * * * * * * * * * * * * * * * * * * * *");
}
int main()
{
     int i, j;char ch;
     int next[MaxSize],nextval[MaxSize];
     SqString s,t;
     StrAssign(s,"abcabcdabcdeabcdefabcdefg");
     StrAssign(t,"abcdeabcdefab");
     Menu();
     printf("\n\t\t    目标串 S＝");DispStr(s);
     printf("\t\t    模式串 T＝");DispStr(t);
     int flag＝1;
     while(flag)
     {
         printf("\n■请输入指令:");
         scanf("%c",&ch);
         switch(ch)
```

```
        {
            case '1':
                printf("\n    ◎BF算法:\n");
                printf("\t串 T 在串 S 中的位置(下标)为:%d\n",BFIndex(s,t));
                break;
            case '2':
                printf("\n    ◎KMP算法:\n");
                printf("    ");
                for (i=1;i<62;i++)
                    printf("-");
                printf("\n");
                GetNext(t,next);              /*由模式串 t 求出 next 值*/
                GetNextval(t,nextval);        /*由模式串 t 求出 nextval 值*/
                printf("       j  |");
                for (j=0;j<t.len;j++)
                    printf("%4d",j);
                printf("\n");
                printf("       t[j] |");
                for (j=0;j<t.len;j++)
                    printf("%4c",t.data[j]);
                printf("\n");
                printf("      next  |");
                for (j=0;j<t.len;j++)
                    printf("%4d",next[j]);
                printf("\n");
                printf("     nextval|");
                for (j=0;j<t.len;j++)
                    printf("%4d",nextval[j]);
                printf("\n");
                printf("    ");
                for (i=1;i<62;i++)
                    printf("-");
                printf("\n");
                printf("  使用 next 数组的 KMP算法:  串 T 在串 S 中的位置(下标)为:%d\n",
KMPIndex(s,t));
                printf("\n  使用 nextval 数组的改进的 KMP算法:");
                printf("  串 T 在串 S 中的位置(下标)为:%d\n",KMPIndex1(s,t));
                break;
            case '0':
                flag=0;
        }
        getchar();
    }
```

```
    return 0;
}
```

4. 运行结果

运行结果如图 4.3 所示。

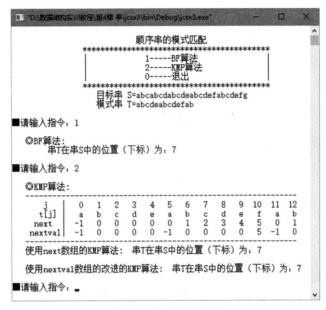

图 4.3　运行结果截图

拓展实训 1　最长重复子串

1. 问题描述

设计算法,求顺序串 s 中出现的第一个最长的由连续相同的字符构成的重复子串,并返回其起始下标和长度。

提示:可设置以下 4 个变量,其中,index:最长重复子串在串 s 中的起始下标;maxlen:最长重复子串的长度;start:当前重复子串在 s 中的起始下标;length:当前重复子串的长度。用 i 扫描串 s,初始 start = 0,length = 1。如果下一个($i + 1$ 下标)字符与当前(i 下标)字符相等,则当前重复子串增长,$i + +$;如果下一个($i + 1$ 下标)字符与当前(i 下标)字符不相等,则当前重复子串截止,此时需要检查 length 和 max 的关系。若 length>max,则更新 index 和 maxlen;否则,当前重复子串不是最长重复子串。继续向后扫描下一个位置($i + +$)的字符,并置 start = i,len = 1。当所有字符均被扫描完毕后,仍需要判断 length 和 max 的关系,若 length>max,则更新 index 和 maxlen。

2. 运行结果示例

运行结果如图 4.4 所示。

图 4.4　最长重复子串运行结果示例

拓展实训 2　带通配符 '?' 的模式匹配

1. 问题描述

已知顺序串 s,编写一个算法,实现包含单字符通配符'?'的模式匹配。

提示:这实际上是模式匹配算法的一个变种,只是增加了'?'的处理功能。可以在 BF 算法的基础上实现带通配符'?'的模式匹配。

2. 运行结果示例

运行结果如图 4.5 所示。

目标串 S=abcabcdabecdeabcdefabcdefg
模式串 T=a??d
串 T 在串 S 中的位置 (下标) 为: 3

图 4.5　模式匹配运行结果示例

拓展实训 3　病毒感染检测问题

1. 问题描述

医学研究者最近发现了某些新病毒,通过对这些病毒的分析,得知它们的 DNA 序列都是环状的。现在研究者已收集了大量的病毒 DNA 和人的 DNA 数据,想快速检测出这些人是否感染了相应的病毒。

为了便于研究,研究者将人的 DNA 和病毒 DNA 均表示成由一些字母组成的字符串序列,然后检测某种病毒 DNA 序列是否在患者的 DNA 序列中出现过。如果出现过,此人感染了该病毒,否则没有感染。例如,假设病毒的 DNA 序列为 baa,患者 1 的 DNA 序列为 aaabbba,则感染。患者 2 的 DNA 序列为 babbba,则未感染(注意:人的 DNA 序列是线性的,而病毒的 DNA 序列是环状的)。

研究者将待检测的数据保存在一个文本文件中,文件格式和内容规定如下:文件有 num +1 行,第一行有一个整数 num,表示有 num 个待检测的任务(num≤300)。接下来每行 $i(2 \leqslant i \leqslant num+1)$ 对应一个任务,每行有两个数据,用空格分隔,第一个数据表示病毒的 DNA 序列(长度≤6000),第二个数据表示人的 DNA 序列(长度≤10000)。

要求将检测结果输出到文件中,文件中包括 num 行,每行有三个数据,用空格分隔,前两个数据分别表示输入文件中对应病毒的 DNA 序列和人的 DNA 序列,如果该患者感染了对应的病毒,该行第三个数据则为"YES",否则为"NO"。

提示:上述病毒感染检测问题的本质是基于字符串的模式匹配算法的应用。将人类的 DNA 序列作为目标串,病毒的 DNA 序列作为模式串,实现模式匹配的过程可以采用 BF 算法,也可以采用 KMP 算法。由于病毒序列是环状的,如何构造出各种可能的病毒序列呢?可以将病毒序列的第一个字符取出,后面的序列前移,再将取出的字符放到最后去。这样执行一次,就可以得到一种可能的病毒序列了。另外,待检测的数据是放在文件中的,检测的结果也是要存到文件中的,因此,还涉及文件操作的相关知识,可以查阅 C 语言有关文件操作的内容,这里不再详述。

2. 运行结果示例

运行结果如图 4.6 所示。

图 4.6　病毒感染运行结果示例

 典型习题

一、选择题

1. 下面关于串的叙述中,不正确的是(　　)。

A. 串是字符的有限序列　　　　　　B. 空串是由空格构成的串

C. 模式匹配是串的一种重要运算　　D. 串既可以顺序存储,也可以链式存储

2. 串与普通线性表相比,它的特殊性体现在(　　)。

A. 顺序的存储结构　　　　　　　　B. 链式存储结构

C. 数据元素是一个字符　　　　　　D. 数据元素任意

3. 串的长度是指(　　)。

A. 串中所含不同字母的个数　　　　B. 串中所含字符的个数

C. 串中所含不同字符的个数　　　　D. 串中所含非空格字符的个数

4. 空串与空格串的区别在于(　　)。

A. 没有区别　　　　　　　　　　　B. 两串的长度不相等

C. 两串的长度相等　　　　　　　　D. 两串包含的字符不相同

5. 一个子串在包含它的主串中的位置是指(　　)。

A. 子串的最后那个字符在主串中的位置

B. 子串的最后那个字符在主串中首次出现的位置

C. 子串的第一个字符在主串中的位置

D. 子串的第一个字符在主串中首次出现的位置

6. 设 S 为一个长度为 n 的字符串,其中的字符各不相同,则 S 中的互异的非平凡子串(非空且不同于 S 本身)的个数为(　　)。

A. $2n-1$　　　　　　　　B. n^2　　　　　　　　C. $\left(\dfrac{n^2}{2}\right)+\left(\dfrac{n}{2}\right)$

D. $\left(\dfrac{n^2}{2}\right)+\left(\dfrac{n}{2}\right)-1$　　　　E. $\left(\dfrac{n^2}{2}\right)-\left(\dfrac{n}{2}\right)-1$

7. 若用 replace(S,S1,S2)表示用字符串 S2 替换字符串 S 中的子串 S1 的操作,则串 S = "Beijing&Nanjing",S1 = "Beijing",S2 = "Shanghai",replace(S,S1,S2) = (　　　)。

　　A. "Nanjing&Shanghai"　　　　　　　　B. "Nanjing&Nanjing"

　　C. "ShanghaiNanjing"　　　　　　　　　D. "Shanghai&Nanjing"

8. 字符串采用结点大小为 1 的链表作为存储结构,是指(　　　)。

　　A. 链表的长度为 1

　　B. 链表的每个结点只有一个链域

　　C. 链表的每个结点的数据域值只存放一个字符

　　D. 链表中只存放 1 个字符

9. 在长度为 n 的字符串 S 的第 i 个位置插入另一个字符串,i 的合法值应为(　　　)。

　　A. $i>0$　　　　　B. $i \leqslant n$　　　　　C. $1 \leqslant i \leqslant n$　　　　　D. $1 \leqslant i \leqslant n+1$

10. 两个串 p 和 q,其中 q 是 p 的子串,求 q 在 p 中首次出现的位置的算法称为(　　　)。

　　A. 求子串　　　　　B. 联接　　　　　C. 匹配　　　　　D. 求串长

11. 已知串 S = "aaab",其 next 数组值为(　　　)。

　　A. -1 0 1 2　　　　B. 0 0 1 2　　　　C. 0 1 2 0　　　　D. 0 1 0 0

12. 字符串"ababaabab"的 nextval 数组值为(　　　)。

　　A. $(-1,0,-1,0,-1,3,0,-1,0)$　　　　B. $(-1,0,-1,0,-1,1,0,-1,0)$

　　C. $(-1,0,-1,0,-1,-1,-1,0,0)$　　　　D. $(-1,0,-1,0,-1,0,-1,0,0)$

13. 若串 S = "computer",其子串的数目是(　　　)。

　　A. 8　　　　　B. 37　　　　　C. 36　　　　　D. 9

14. 假设目标串长为 n,模式串长为 m,则 BF 算法的平均时间复杂度为(　　　)。

　　A. $O(m)$　　　　B. $O(n)$　　　　C. $O(m*n)$　　　　D. $O(m+n)$

15. 假设目标串长为 n,模式串长为 m,则 KMP 算法所需的附加空间为(　　　)。

　　A. $O(m)$　　　　B. $O(n)$　　　　C. $O(m*n)$　　　　D. $O(n*\log_2 m)$

二、填空题

1. 空格串是指＿＿＿＿＿＿＿＿,其长度等于＿＿＿＿＿＿＿＿。

2. 组成串的数据元素只能是＿＿＿＿＿＿＿＿,一个字符串中＿＿＿＿＿＿＿＿称为该串的子串。

3. 串 S = "I_am_a_student",其长度为＿＿＿＿＿＿＿＿。

4. 串是一种特殊的线性表,其特殊性为＿＿＿＿＿＿＿＿;两个串相等的充分必要条件是＿＿＿＿＿＿＿＿。

5. 串的两种最基本的存储方式是＿＿＿＿＿＿＿＿和＿＿＿＿＿＿＿＿。

6. 设 S 和 T 是两个给定的串,在 S 中寻找等于 T 的过程称为＿＿＿＿＿＿＿＿,又称 T 为＿＿＿＿＿＿＿＿。

7. Concat("DATA"," + STRUCTURE") = ＿＿＿＿＿＿＿＿。

8. 设目标串长度为 n,模式串长度为 m,则串匹配的 KMP 算法的时间复杂度为＿＿＿＿＿＿＿＿。

9. 模式串 S = "abaabcac"的 next 函数值序列为＿＿＿＿＿＿＿＿。

10. 字符串"ababaaab"的 nextval 函数值为＿＿＿＿＿＿＿＿。

三、判断题

1. KMP 算法的特点是在模式匹配时,指示主串的指针不会回溯。　　　　（　　）

2. 设模式串的长度为 m,目标串的长度为 n,当 $n \approx m$ 且处理只匹配一次的模式时,朴素的匹配(BF)算法所花的时间代价可能更为节省。　　　　　　　　　　　（　　）

3. 串是一种数据对象和操作都特殊的线性表。　　　　　　　　　　　（　　）

4. 如果一个串中的所有字符均在另一串中出现,那么说明前者是后者的子串。（　　）

四、算法设计题

1. 编写程序,统计输入的字符串中各字符出现的次数,假设合法的字符为 a~z 和 0~9。

2. 设要加密的信息为一个字符串,组成串的字符均取自 ASCII 中的小写英文字母,假设串采用顺序存储结构,写出凯撒密码的加密、解密算法。

3. 设计算法,找出链串 s 中第一个未在链串 t 中出现的字符。

4. 设计算法,利用串的基本运算算法,求在串 s 中出现,而在串 t 中未出现的所有字符组成的串 r。

5. 设计算法,利用串的基本运算算法,从串 s 中删除所有和串 t 相同的子串。

6. 串 s 和串 t 是结点大小为 1 的两个链串,设计算法,将串 s 中首次与串 t 匹配的子串逆置。

7. 编写算法,求两个顺序串的一个最长公共子串。

第5章　数组和广义表

实训项目

基础实训1　稀疏矩阵的基本操作

1. 实验目的

(1) 理解并掌握稀疏矩阵的三元组顺序表存储结构；

(2) 掌握三元组表基本运算算法；

(3) 编程实现三元组表的各种基本操作。

2. 实验内容

假设稀疏矩阵采用三元组表示，编程实现如下功能：

(1) 生成如下两个稀疏矩阵的三元组 a 和 b；

$$\begin{bmatrix} 0 & 0 & 2 & 0 \\ 0 & 0 & 1 & 0 \\ 0 & 3 & 1 & 0 \\ 0 & 1 & 0 & 0 \end{bmatrix} \quad \begin{bmatrix} 2 & 0 & 0 & 0 \\ 0 & 0 & 0 & 3 \\ 0 & 0 & 0 & 0 \\ 0 & 0 & 0 & 1 \end{bmatrix}$$

(2) 输出 a 转置矩阵的三元组；

(3) 输出 $a+b$ 的三元组；

(4) 输出 $a \times b$ 的三元组。

3. 程序实现

完整代码如下：

```
#include <stdio.h>
#define N 4
typedef int ElemType;
#define MaxSize   100              /*矩阵中非零元素最多个数*/
typedef struct
{    int r;                        /*行号*/
     int c;                        /*列号*/
     ElemType d;                   /*元素值*/
}TupNode;                          /*三元组定义*/
typedef struct
{    int rows;                     /*行数*/
     int cols;                     /*列数*/
     int nums;                     /*非零元素个数*/
```

```
        TupNode data[MaxSize];
}TSMatrix;                                    /*三元组顺序表定义*/
void CreatMat(TSMatrix &t, ElemType A[N][N])    /*创建稀疏矩阵A的三元组表t*/
{
        int i, j;
        t.rows=N; t.cols=N; t.nums=0;
        for (i=0;i<N;i++)
        {
                for (j=0;j<N;j++)
                        if (A[i][j]! =0)
                        {
                                t.data[t.nums].r=i;t.data[t.nums].c=j;
                                t.data[t.nums].d=A[i][j];t.nums++;
                        }
        }
}

void DispMat(TSMatrix t)                        /*输出三元组表t*/
{
        int i;
        if (t.nums<=0)
                return;
        printf("\t%d\t%d\t%d\n",t.rows,t.cols,t.nums);
                printf("\t---------------\n");
        for (i=0;i<t.nums;i++)
                printf("\t%d\t%d\t%d\n",t.data[i].r,t.data[i].c,t.data[i].d);
}

void TranMat(TSMatrix t,TSMatrix &tb)           /*三元组表t转置为三元组表tb*/
{
        int p, q=0, v;                          /*q为tb.data的下标*/
        tb.rows=t.cols; tb.cols=t.rows; tb.nums=t.nums;
        if (t.nums! =0)
        {
                for (v=0; v<t.cols; v++)        /*tb.data[q]中的记录以c域的次序排列*/
                        for (p=0; p<t.nums; p++)  /*p为t.data的下标*/
                                if (t.data[p].c==v)
                                {
                                        tb.data[q].r=t.data[p].c;
                                        tb.data[q].c=t.data[p].r;
                                        tb.data[q].d=t.data[p].d;
                                        q++;
                                }
        }
}
int MatAdd(TSMatrix a,TSMatrix b,TSMatrix &c)   /*c=a+b稀疏矩阵的加法*/
```

```
{
    int i = 0, j = 0, k = 0, t;
    ElemType v;
    if (a.rows! = b.rows || a.cols! = b.cols)
        return 0;                          /* 行数或列数不等时不能进行相加运算 */
    c.rows = a.rows; c.cols = a.cols;      /* c 的行列数与 a 的相同 */
    while (i<a.nums && j<b.nums)           /* 处理 a 和 b 中的每个元素 */
    {
        if (a.data[i].r = = b.data[j].r)   /* 行号相等时 */
        {
            if (a.data[i].c<b.data[j].c)   /* a 元素的列号小于 b 元素的列号 */
            {
                c.data[k].r = a.data[i].r; /* 将 a 元素添加到 c 中 */
                c.data[k].c = a.data[i].c;
                c.data[k].d = a.data[i].d;
                k++; i++;
            }
            else if (a.data[i].c>b.data[j].c)  /* a 元素的列号大于 b 元素的列号 */
            {
                c.data[k].r = b.data[j].r;     /* 将 b 元素添加到 c 中 */
                c.data[k].c = b.data[j].c;
                c.data[k].d = b.data[j].d;
                k++; j++;
            }
            else                           /* a 元素的列号等于 b 元素的列号 */
            {
                v = a.data[i].d + b.data[j].d;
                if (v! = 0)                /* 只将不为 0 的结果添加到 c 中 */
                {
                    c.data[k].r = a.data[i].r;
                    c.data[k].c = a.data[i].c;
                    c.data[k].d = v;
                    k++;
                }
                i++; j++;
            }
        }
        else if (a.data[i].r<b.data[j].r)  /* a 元素的行号小于 b 元素的行号 */
        {
            c.data[k].r = a.data[i].r;     /* 将 a 元素添加到 c 中 */
            c.data[k].c = a.data[i].c;
            c.data[k].d = a.data[i].d;
            k++; i++;
        }
```

```
                else                                /* a 元素的行号大于 b 元素的行号 */
                {
                    c.data[k].r = b.data[j].r;      /* 将 b 元素添加到 c 中 */
                    c.data[k].c = b.data[j].c;
                    c.data[k].d = b.data[j].d;
                    k++;   j++;
                }
        }
    if (i<a.nums)
        for(t=i;t<a.nums;t++)
        { c.data[k].r = a.data[t].r;
            c.data[k].c = a.data[t].c;
            c.data[k].d = a.data[t].d;
            k++;
        }
    if (j<b.nums)
        for (t=j; t<b.nums; t++)
        {   c.data[k].r = b.data[t].r;
            c.data[k].c = b.data[t].c;
            c.data[k].d = b.data[t].d;
            k++;
        }
    c.nums = k;
    return 1;
}
int value(TSMatrix c,int i,int j)                   /* 返回三元组表 t 中 A[i][j]的值 */
{
    int k=0;
    while (k<c.nums && (c.data[k].r! =i || c.data[k].c! =j))
        k++;
    if (k<c.nums)
        return(c.data[k].d);
    else
        return 0;
}
int MatMul(TSMatrix a,TSMatrix b,TSMatrix & c)      /* c=a*b 稀疏矩阵的乘法 */
{
    int i, j, k, p=0;
    ElemType s;
    if (a.cols! =b.rows)                            /* a 的列数不等于 b 的行数时不能进行相乘运算 */
        return 0;
    for (i=0; i<a.rows; i++)
        for (j=0; j<b.cols; j++)
```

```
        {
            s = 0;
            for (k = 0; k<a.cols; k++)
                s = s + value(a,i,k) * value(b,k,j);
            if (s! = 0)              /* 产生一个三元组元素 */
            {
                c.data[p].r = i;
                c.data[p].c = j;
                c.data[p].d = s;
                p++;
            }
        }
    }
    c.rows = a.rows;
    c.cols = b.cols;
    c.nums = p;
    return 1;
}
int main()
{
    ElemType a1[N][N] = {{0,0,2,0},{0,0,1,0},{0,3,1,0},{0,1,0,0}};
    ElemType b1[N][N] = {{2,0,0,0},{0,0,0,3},{0,0,0,0},{0,0,0,1}};
    TSMatrix a,b,c;
    CreatMat(a,a1);
    CreatMat(b,b1);
    printf("a 的三元组:\n");DispMat(a);
    printf("b 的三元组:\n");DispMat(b);
    printf("a 转置为 c\n");
    TranMat(a,c);
    printf("c 的三元组:\n");DispMat(c);
    printf("c = a + b\n");
    MatAdd(a,b,c);
    printf("c 的三元组:\n");DispMat(c);
    printf("c = a * b\n");
    MatMul(a,b,c);
    printf("c 的三元组:\n");DispMat(c);
    return 0;
}
```

4. 运行结果

运行结果如图 5.1 所示。

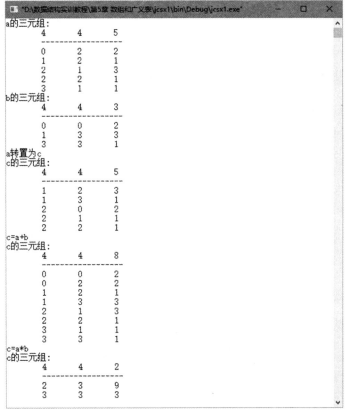

图 5.1　运行结果截图

基础实训 2　广义表的基本操作

1. 实验目的
(1) 理解并掌握广义表的扩展线性链表存储结构；
(2) 掌握广义表基本运算算法；
(3) 编程实现广义表的各种基本操作。

2. 实验内容
(1) 建立广义表的扩展线性链表存储结构；
(2) 输出广义表的括号表示；
(3) 输出广义表的长度；
(4) 输出广义表的深度。

3. 程序实现
完整代码如下：

```
#define MaxSize 100
#include <stdio.h>
#include <malloc.h>
typedef char ElemType;
typedef enum{ATOM，LIST} ElemTag;          /* ATOM＝0 表示原子,LIST＝1 表示子表 */
```

```
typedef struct lsnode
{    ElemTag tag;                      /* 标志域,用于区分原子结点和子表结点 */
     union
     {    ElemType atom;               /* 原子结点的值域 */
          struct lsnode * hp;          /* 表结点的表头指针 */
     } ptr;
     structlsnode * tp;                /* 指向同一层的下一个元素 */
} * GList,GLNode;                       /* 广义表结点类型 */
int GListLength(GLNode * L)            /* 求广义表的长度 */
{
     int length = 0;                   /* 统计元素个数,初始为 0 */
     GLNode  * p = L ->ptr. hp;         /* p 指向广义表的第一个元素 */
     while(p)
     {
          length + + ;
          p = p ->tp;
     }
     return length;
}
int GListDepth(GLNode * L)             /* 求广义表的深度 */
{
     int max, depth;
     GLNode  * p;
     if(L ->tag = = LIST && L ->ptr. hp = = NULL)    /* 如果广义表为空,则返回1 */
          return 1;
     if(L ->tag = = ATOM)               /* 如果广义表是原子,则返回 0 */
          return 0;
     p = L ->ptr. hp;
     for(max = 0; p; p = p ->tp)        /* 逐层处理广义表 */
     {
          depth = GListDepth(p);
          if(max<depth)
               max = depth;
     }
     return max + 1;
}
GLNode * CreatGL(char * s)
{    GLNode * h; char * s1; int lno, rno;
     char ch;
     ch = * s;                          /* ch 为当前扫描字符 */
     s + + ;                            /* s 为下一字符 */
     if (ch!  = '\0')                   /* 串未结束 */
     {
          if (ch> = 'a'&&ch< = 'z')     /* 当前字符为字母,需构建原子结点 */
```

```
    {
        h = (GLNode * )malloc(sizeof(GLNode));          /* 创建新原子结点 */
        h->tag = ATOM;                                  /* 设置原子结点的 tag */
        h->ptr.atom = ch;                               /* 原子结点填字母 */
        if ( * s == ',')                                /* 如果下一字符为','*/
        {
            s++;          /* ','的下一字符为当前结点的同一层下一元素 */
            h->tp = CreatGL(s);
                /* 当前字符结点的 tp 非空,递归构造当前字符的同层次下一元素 */
        }
        else
            h->tp = NULL;          /* 当前字符为同一层次的最后一个元素 */
        return h;
    }
    else if (ch == '(')          /* 当前字符为'(',需构建子表结点 */
    {
        lno = 1; rno = 0;          /* 分别就记录左右括号的个数 */
        h = (GLNode * )malloc(sizeof(GLNode));          /* 创建新的子表结点 */
        h->tag = LIST;          /* 设置表结点的 tag */
        h->ptr.hp = CreatGL(s);          /* 递归构造子表并链到表结点的 hp 域 */
        s1 = s;          /* 用 s1 扫描'('后面的字符串 */
        while (( * s1)!  = '\0')
        {
            if (( * s1) == '(')   lno++;
            else if (( * s1) == ')')
                {   rno++;
                    if (lno == rno)  /* 左右括号数相等时的')'是与 ch 匹配的右括号 */
                        break;
                }
            s1++;
        }
        s1++;          /* 找到匹配的')'的后面一个字符 */
        if (( * s1) == ',')          /* 如果')'的后面是','*/
        {   s1++;
            h->tp = CreatGL(s1);          /* 递归构造','的下一字符开始的子表 */
        }
        else          /* 如果')'的后面不是',',则意味着没有下一元素 */
            h->tp = NULL;          /* h 的 tp 域置空链 */
        return h;          /* 返回广义表指针 */
    }
}
    return NULL;          /* 其他情况返回空指针 */
}
void DispGList(GList L)
```

```
{
    if(L->tag==LIST)
    {
        printf("(");
        if(L->ptr.hp==NULL)
            printf("");
        else
            DispGList(L->ptr.hp);
        printf(")");
    }
    else
        printf("%c",L->ptr.atom);
    if(L->tp!=NULL)
    {
        printf(",");
        DispGList(L->tp);
    }
}
int main()
{
    char str[MaxSize];
    GLNode *L;
    printf("请输入广义表的括号表示法:");
    gets(str);
    L=CreatGL(str);
    printf("建立的广义表为:");
    DispGList(L);
    printf("\n广义表的深度为%d",GListDepth(L));
    printf("\n广义表的长度为%d\n",GListLength(L));
    return 0;
}
```

4. 运行结果

运行结果如图 5.2 所示。

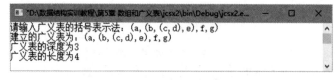

图 5.2　运行结果截图

拓展实训 1　魔方阵

1. 问题描述

魔方阵,古代又称"纵横图",是指组成元素为自然数 $1,2,\cdots,n^2$ 的 $n\times n$ 的方阵,其中每个元素的值都不相等，且每行、每列以及主、副对角线上的各 n 个元素之和都相等，如图 5.3 所示。

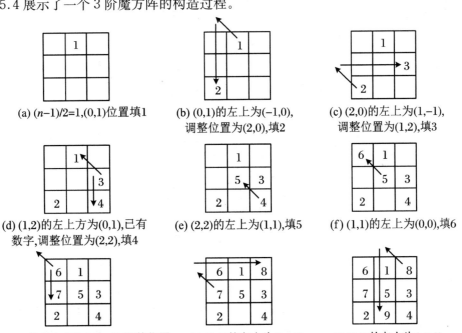

6	1	8
7	5	3
2	9	4

(a) 三阶魔方阵

15	08	01	24	17
16	14	07	05	23
22	20	13	06	04
03	21	19	12	10
09	02	25	18	11

(b) 五阶魔方阵

图 5.3　魔方阵

要求：(1) 输入魔方阵的阶数 n，n 必须为奇数，程序对所输入的 n 能够进行简单的判断，在 n 有错时，能给出恰当的提示信息；

(2) 生成 n 阶魔方阵；

(3) 输出构造的 n 阶魔方阵。

提示：魔方阵可用数组来实现。魔方阵的构造方法有很多，可以采用如下规则生成魔方阵：

(1) 由 1 开始填数，将 1 放在第 0 行的中间位置；

(2) 将魔方阵想象成上下、左右相接，每次往左上角走一步，会有下列情况：① 左上角超出上方边界，则在最下边相对应的位置填入下一个数字；② 左上角超出左边边界，则在最右边相对应的位置填入下一个数字；③ 若按上述方法找到的位置已填入数据，则在同一列下一行填入下一个数字。

图 5.4 展示了一个 3 阶魔方阵的构造过程。

(a) $(n-1)/2=1$,(0,1)位置填1

(b) (0,1)的左上为(−1,0),调整位置为(2,0),填2

(c) (2,0)的左上为(1,−1),调整位置为(1,2),填3

(d) (1,2)的左上方为(0,1),已有数字,调整位置为(2,2),填4

(e) (2,2)的左上为(1,1),填5

(f) (1,1)的左上为(0,0),填6

(g) (0,0)的左上方为(−1,−1),调整位置为(2,2),已有数字调整位置为(1,0),填7

(h) (1,0)的左上为(0,−1),调整位置为(0,2),填8

(i) (0,2)的左上为(−1,1),调整位置为(2,1),填9

图 5.4　三阶魔方阵的生成过程

由3阶魔方阵的生成过程可知,某一位置(x,y)的左上角的位置是$(x-1,y-1)$,如果$x-1\geqslant0$,则不用调整,否则将其调整为$(x-1+n)$;同理,如果$y-1\geqslant0$,则不用调整,否则将其调整为$(y-1+n)$。所以,(x,y)位置的左上角位置可以用求模的方法获得,即

$$x=(x-1+n)\%n \quad /*求左上角位置的行号*/$$
$$y=(y-1+n)\%n \quad /*求左上角位置的列号*/$$

若所求位置已有数据,则将该数据填入同一列下一行的位置。这里需要注意的是,此时的 x 和 y 已经变成之前的上一行上一列了,如果想变回之前位置的下一行同一列,x 需要跨越两行,y 需要跨越一列,即

$$x=(x+2)\%n$$
$$y=(y+1)\%n$$

2. 运行结果示例

运行结果如图5.5所示。

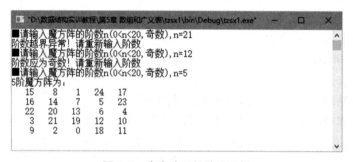

图5.5　魔方阵运行结果示例

拓展实训2　螺旋矩阵

1. 问题描述

螺旋矩阵是指一个呈螺旋状的矩阵,它的数字由第一行开始往右边不断变大,向下变大,向左变大,向上变大,如此循环。一个5×5阶螺旋方阵如图5.6所示。

1	2	3	4	5
16	17	18	19	6
15	24	25	20	7
14	23	22	21	8
13	12	11	10	9

图5.6　五阶螺旋阵

要求:输入螺旋矩阵的阶数 n,生成一个 n 阶螺旋矩阵并将其打印输出。

提示:可使用数组来构建螺旋矩阵。螺旋矩阵的打印首先要对 $n\times n$ 的数组进行赋值,根据规律可以看出,每一层都是按照右→下→左→上 4 个方向的顺序进行递增赋值的。如果按图5.7(a)的方式进行顺时针赋值,则每个方向负责相同数量的元素,但是当 n 为奇数时,最中心的元素无法被赋值。因此,改用图5.7(b)所示的方式进行顺时针赋值。

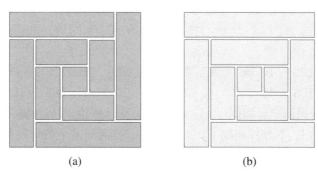

(a)　　　　　　　　　(b)

图 5.7　螺旋阵的赋值方式

2. 运行结果示例

运行结果如图 5.8 所示。

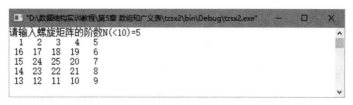

图 5.8　螺旋矩阵运行结果示例

 典型习题

一、选择题

1. 一维数组和线性表的区别是（　　）。
　　A. 前者长度固定,后者长度可变　　　　　B. 后者长度固定,前者长度可变
　　C. 两者长度均固定　　　　　　　　　　　D. 两者长度均可变

2. 常对数组进行的两种基本操作是（　　）。
　　A. 建立与删除　　　　　　　　　　　　　B. 索引和修改
　　C. 对数据元素的存取和修改　　　　　　　D. 查找与索引

3. 数组 $A[0\cdots4, -1\cdots-3, 5\cdots7]$ 中含有元素的个数为（　　）个。
　　A. 55　　　　　　　　B. 45　　　　　　　　C. 36　　　　　　　　D. 16

4. 稀疏矩阵一般的压缩存储方法有两种,即（　　）。
　　A. 二维数组和三维数组　　　　　　　　　B. 三元组和散列表
　　C. 三元组和十字链表　　　　　　　　　　D. 散列表和十字链表

5. 设有一个 10 阶的对称矩阵 A,采用压缩存储方式,以行序为主存储,a_{11} 为第一元素,其存储地址为 1,每个元素占一个地址空间,则 a_{85} 的地址为（　　）。
　　A. 13　　　　　　　　B. 33　　　　　　　　C. 18　　　　　　　　D. 40

6. 有一个二维数组 $A[1:6, 0:7]$ 每个数组元素用相邻的 6 个字节存储,存储器按字节编址,那么这个数组的体积是（　　）个字节。假设存储数组元素 $A[1,0]$ 的第一个字节的地址是 0,则存储数组 A 的最后一个元素的第一个字节的地址是（　　）。若按行存储,则

$A[2,4]$ 的地址是(　)。若按列存储,则 $A[5,7]$ 的地址是(　)。就一般情况而言,当(　)时,按行存储的 $A[I,J]$ 地址与按列存储的 $A[J,I]$ 地址相等。以下为供选择的答案:

①~④:A. 12 　　B. 66 　　C. 72 　　D. 96 　　E. 114 　　F. 120
　　　　　G. 156 　　H. 234 　　I. 276 　　J. 282 　　K. 283 　　L. 288
⑤: A. 行与列的上界相同 　　　　　　B. 行与列的下界相同
　　C. 行与列的上、下界都相同 　　　　D. 行的元素个数与列的元素个数相同

7. 二维数组 A 的元素都是 6 个字符组成的串,行下标 i 的范围从 0 到 8,列下标 j 的范围从 1 到 10。

(1) 存放 A 至少需要(　)个字节;

(2) A 的第 8 列和第 5 行共占(　)个字节;

(3) 若 A 按行存放,元素 $A[8,5]$ 的起始地址与 A 按列存放时的元素(　)的起始地址一致。

以下为供选择的答案:

(1) A. 90 　　　　B. 180 　　　　C. 240 　　　　D. 270 　　　　E. 540

(2) A. 108 　　　B. 114 　　　　C. 54 　　　　D. 60 　　　　E. 150

(3) A. $A[8,5]$ 　　B. $A[3,10]$ 　　C. $A[5,8]$ 　　D. $A[0,9]$

8. 假设以行序为主序存储二维数组 $A = \text{array}[1..100,1..100]$,设每个数据元素占 2 个存储单元,基地址为 10,则 $\text{LOC}[5,5] = ($ 　 $)$。

A. 808 　　　　B. 818 　　　　C. 1010 　　　　D. 1020

9. 数组 $A[0..5,0..6]$ 的每个元素占 5 个字节,将其按列优先次序存储在起始地址为 1000 的内存单元中,则元素 $A[5,5]$ 的地址是(　)。

A. 1175 　　　　B. 1180 　　　　C. 1205 　　　　D. 1210

10. 将一个 $A[1..100,1..100]$ 的三对角矩阵,按行优先存入一维数组 $B[1..298]$ 中,A 中元素 $A[66,65]$ 在 B 数组中的位置 K 为(　)。

A. 198 　　　　B. 195 　　　　C. 197 　　　　D. 196

11. 假设二维数组 A 的每个元素是由 6 个字符组成的串,其行下标 $i = 0,1,\cdots,8$,列下标 $j = 1,2,\cdots,10$。若 A 按行先存储,元素 $A[8,5]$ 的起始地址与当 A 按列先存储时的元素(　)的起始地址相同。设每个字符占一个字节。

A. $A[8,5]$ 　　B. $A[3,10]$ 　　C. $A[5,8]$ 　　D. $A[0,9]$

12. 有一个二维数组 $A[0:8,1:5]$,每个数组元素用相邻的 4 个字节存储,存储器按字节编址,假设存储数组元素 $A[0,1]$ 的第一个字节的地址是 0,存储数组 A 的最后一个元素的第一个字节的地址是(①);若按行存储,则 $A[3,5]$ 和 $A[5,3]$ 的第一个字节的地址是(②)和(③);若按列存储,则 $A[7,1]$ 和 $A[2,4]$ 的第一个字节的地址是(④)和(⑤)。

①~⑤:A. 28 　　B. 44 　　C. 76 　　D. 92 　　E. 108 　　F. 116
　　　　　G. 132 　　H. 176 　　I. 184 　　J. 188

13. 设有数组 $A[i,j]$,数组的每个元素长度为 3 字节,i 的值为 1 到 8,j 的值为 1 到 10,数组从内存首地址 BA 开始顺序存放,当以列序为主序存放时,元素 $A[5,8]$ 的存储首地址为(　)。

A. BA + 141 　　　B. BA + 180 　　　C. BA + 222 　　　D. BA + 225

14. 若对 n 阶对称矩阵 A 以行序为主序方式将其下三角形的元素(包括主对角线上所有元素)依次存放于一维数组 $B[1..(n(n+1))/2]$ 中,则在 B 中确定 $a_{ij}(i \leqslant j)$ 的位置 k 的关系为(　　　)。

A. $i \times (i-1)/2 + j$ 　　　　　　B. $j \times (j-1)/2 + i$

C. $i \times (i+1)/2 + j$ 　　　　　　D. $j \times (j+1)/2 + i$

15. 设二维数组 $A[1..m, 1..n]$(即 m 行 n 列)按行存储在数组 $B[1..m \times n]$ 中,则二维数组元素 $A[i, j]$ 在一维数组 B 中的下标为(　　　)。

A. $(i-1) \times n + j$ 　　　　　　B. $(i-1) \times n + j - 1$

C. $i \times (j-1)$ 　　　　　　D. $j \times m + i - 1$

16. 有一个 100×90 的稀疏矩阵,非 0 元素有 10 个,设每个整型数占 2 字节,则用三元组表示该矩阵时,所需的字节数是(　　　)。

A. 60 　　　　　　B. 66 　　　　　　C. 18000 　　　　　　D. 33

17. 用数组 r 存储静态链表,结点的 next 域指向后继,工作指针 j 指向链中结点,使 j 沿链移动的操作为(　　　)。

A. $j = r[j].\text{next}$ 　　　　　　B. $j = j + 1$

C. $j = j ->\text{next}$ 　　　　　　D. $j = r[j] ->\text{next}$

18. 对稀疏矩阵进行压缩存储目的是(　　　)。

A. 便于进行矩阵运算 　　　　　　B. 便于输入和输出

C. 节省存储空间 　　　　　　D. 降低运算的时间复杂度

19. 已知广义表 $L = ((x, y, z), a, (u, t, w))$,从 L 表中取出原子项 t 的运算是(　　　)。

A. head(tail(tail(L))) 　　　　　　B. tail(head(head(tail(L))))

C. head(tail(head(tail(L)))) 　　　　　　D. head(tail(head(tail(tail(L)))))

20. 已知广义表 $LS = ((a, b, c), (d, e, f))$,运用 head 和 tail 函数取出 LS 中原子 e 的运算是(　　　)。

A. head(tail(LS)) 　　　　　　B. tail(head(LS))

C. head(tail(head(tail(LS)))) 　　　　　　D. head(tail(tail(head(LS))))

21. 已知广义表 $A = (a, b)$,$B = (A, A)$,$C = (a, (b, A), B)$,tail(head(tail(C))) 的结果为(　　　)。

A. (a) 　　　　B. A 　　　　C. a 　　　　D. (b) 　　　　E. b 　　　　F. (A)

22. 广义表运算式 Tail$(((a, b), (c, d)))$ 的操作结果是(　　　)。

A. (c, d) 　　　　B. c, d 　　　　C. $((c, d))$ 　　　　D. d

23. 广义表 $L = (a, (b, c))$,进行 Tail(L) 操作后的结果为(　　　)。

A. c 　　　　B. b, c 　　　　C. (b, c) 　　　　D. $((b, c))$

24. 广义表 $((a, b, c, d))$ 的表头是(　　　),表尾是(　　　)。

A. a 　　　　B. (a, b, c, d) 　　　　C. $()$ 　　　　D. (b, c, d)

25. 广义表 $(a, (b, c), d, e)$ 的表头为(　　　)。

A. a 　　　　B. $a, (b, c)$ 　　　　C. $(a, (b, c))$ 　　　　D. (a)

26. 设广义表 $L = ((a, b, c))$,则 L 的长度和深度分别为(　　　)。

A. 1 和 1 　　　　B. 1 和 3 　　　　C. 1 和 2 　　　　D. 2 和 3

27．下面说法不正确的是(　　)。

　　A．广义表的表头总是一个广义表　　　B．广义表的表尾总是一个广义表

　　C．广义表难以用顺序存储结构　　　　D．广义表可以是一个多层次的结构

28．广义表 A=$(a,b,(c,d),(e,(f,g)))$，则 Head(Tail(Head(Tail(Tail(A)))))的值为(　　)。

　　A．(g)　　　　　　B．(d)　　　　　　C．c　　　　　　D．d

二、填空题

1．数组的存储结构采用_____存储方式。

2．对矩阵压缩是为了_____。

3．设二维数组 $A[-20..30,-30..20]$，每个元素占有 4 个存储单元，存储起始地址为 200。如按行优先顺序存储，则元素 $A[25,18]$ 的存储地址为_____；如按列优先顺序存储，则元素 $A[-18,-25]$ 的存储地址为_____。

4．设数组 $a[1..50,1..80]$ 的基地址为 2000，每个元素占 2 个存储单元，若以行序为主序顺序存储，则元素 $a[45,68]$ 的存储地址为_____；若以列序为主序顺序存储，则元素 $a[45,68]$ 的存储地址为_____。

5．二维数组 $a[4][5][6]$(下标从 0 开始)，每个元素占 2 字节，则 $a[2][3][4]$ 的地址是_____(设 $a[0][0][0]$ 的地址是 1000，数据以行为主方式存储)。

6．设有二维数组 $A[0..9,0..19]$，其每个元素占 2 个字节，第一个元素的存储地址为 100，若按列优先顺序存储，则元素 $A[6,6]$ 存储地址为_____。

7．已知数组 $A[0..9,0..9]$ 的每个元素占 5 个存储单元，将其按行优先次序存储在起始地址为 1000 的连续的内存单元中，则元素 $A[6,8]$ 的地址为_____。

8．已知二维数组 $A[1..10,0..9]$ 中每个元素占 4 个单元，在按行优先方式将其存储到起始地址为 1000 的连续存储区域时，$A[5,9]$ 的地址是_____。

9．用一维数组 B 与列优先存放带状矩阵 A 中的非零元素 $A[i,j]$ $(1\leqslant i\leqslant n,i-2\leqslant j\leqslant i+2)$，$B$ 中的第 8 个元素是 A 中的第_____行，第_____列的元素。

10．设数组 $A[0..8,1..10]$，数组中任一元素 $A[i,j]$ 均占内存 48 个二进制位，从首地址 2000 开始连续存放在主内存里，主内存字长为 16 位，那么存放该数组至少需要的单元数是_____；存放数组的第 8 列的所有元素至少需要的单元数是_____；数组按列存储时，元素 $A[5,8]$ 的起始地址是_____。

11．设 n 行 n 列的下三角矩阵 A 已压缩到一维数组 $B[1..n\times(n+1)/2]$ 中，若按行为主序存储，则 $A[i,j]$ 对应的 B 中存储位置为_____。

12．n 阶对称矩阵 a 满足 $a[i][j]=a[j][i]$，$i,j=1..n$，用一维数组 t 存储时，t 的长度为_____，当 $i=j$，$a[i][j]=t[$_____$]$；$i>j$ 时，$a[i][j]=t[$_____$]$；$i<j$ 时，$a[i][j]=t[$_____$]$。

13．已知三对角矩阵 $A[1..9,1..9]$ 的每个元素占 2 个单元，现将其三条对角线上的元素逐行存储在起始地址为 1000 的连续的内存单元中，则元素 $A[7,8]$ 的地址为_____。

14．设有一个 10 阶对称矩阵 A 采用压缩存储方式(以行为主序存储：$a_{11}=1$)，则 a_{85} 的地址为_____。

15．所谓稀疏矩阵指的是_____。

16. 将整型数组 $A[1..8, 1..8]$ 按行优先次序存储在起始地址为 1000 的连续的内存单元中，则元素 $A[7,3]$ 的地址是_____。

17. 下三角矩阵 A 的元素下标从 1 开始，如果按行序为主序将下三角元素 A_{ij} 存储在一维数组 $B[1..n(n+1)/2]$ 中，对任一个三角矩阵元素 A_{ij}，它在数组 B 中的下标为_____。

18. 假设一个 15 阶的上三角矩阵 A 按行优先顺序压缩存储在一维数组 B 中，则非零元素 $A9,9$ 在 B 中的存储位置 $k=$_____（注：矩阵元素下标从 1 开始）。

19. 广义表的_____定义为广义表中括弧的重数。

20. 当广义表中的每个元素都是原子时，广义表便成了_____。

21. 广义表的表尾是指除第一个元素之外，_____。

22. 广义表的深度是_____。

23. 广义表简称表，是由零个或多个原子或子表组成的有限序列，原子与表的差别仅在于_____。为了区分原子和表，一般用_____表示表，用_____表示原子。一个表的长度是指_____，而表的深度是指_____。

24. 设广义表 $L=((),())$，则 head(L) 是_____；tail(L) 是_____；L 的长度是_____；深度是_____。

25. 已知广义表 $A=(9,7,(8,10,(99)),12)$，试用求表头和表尾的操作 Head( ) 和 Tail( ) 将原子元素 99 从 A 中取出来_____。

26. 利用广义表的 GetHead 和 GetTail 操作，从广义表 $L=((apple,pear),(banana,orange))$ 中分离出原子 banana 的函数表达式是_____。

27. 广义表 $(a,(a,b),d,e,((i,j),k))$ 的长度是_____，深度是_____。

28. 广义表运算式 $HEAD(TAIL(((a,b,c),(x,y,z))))$ 的结果是_____。

29. 广义表 $A=(((a,b),(c,d,e)))$，取出 A 中的原子 e 的操作是_____。

30. 设某广义表 $H=(A,(a,b,c))$，运用 head 函数和 tail 函数求出广义表 H 中元素 b 的运算是_____。

31. 已知广义表 $A=(((a,b),(c),(d,e)))$，head(tail(tail(head(A)))) 的结果是_____。

32. 下列程序段 search(a,n,k) 在数组 a 的前 $n(n \geqslant 1)$ 个元素中找出第 $k(1 \leqslant k \leqslant n)$ 小的值。这里假设数组 a 中各元素的值都不相同。

```
#define   MAXN   100
int a[MAXN], n, k;
int search (int a[], int n, int k)
{   int low, high, i, j, m, t;
    k--;   low=0;   high=n-1;
    do{   i=low;   j=high;   t=a[low];
        do{   while  (i<j && t<a[j])  j--;
            if  (i<j)  a[i++]=a[j];
            while  (i<j && t>=a[i])  i++
            if  (i<j)  a[j--]=a[i];
                } while (i<j);
```

```
            a[i] = t;
            if _____ ;
                if (i<k) low = _____ ; else high = _____ ;
        }while _____ ;
    return(a[k]);
}
```

三、判断题

1. 数组中存储的可以是任意类型的任何数据。　　　　　　　　　　　　　　　　　（　　）

2. 数组不适合作为任何二叉树的存储结构。　　　　　　　　　　　　　　　　　　（　　）

3. 数组是同类型值的集合。　　　　　　　　　　　　　　　　　　　　　　　　　（　　）

4. 从逻辑结构上看,n 维数组的每个元素均属于 n 个向量。　　　　　　　　　　（　　）

5. n 阶对称矩阵经过压缩存储后,占用的存储单元数是原来的 $1/2$。　　　　　　（　　）

6. 稀疏矩阵压缩存储后,必会失去随机存取功能。　　　　　　　　　　　　　　　（　　）

7. 数组可看成线性结构的一种推广,因此与线性表一样,可以对它进行插入,删除等操作。　　　　　　　　　　　　　　　　　　　　　　　　　　　　　　　　　　　　（　　）

8. 一个稀疏矩阵 $A_{m×n}$ 采用三元组形式表示,若把三元组中有关行下标与列下标的值互换,并把 m 和 n 的值互换,则就完成了 $A_{m×n}$ 的转置运算。　　　　　　　　（　　）

9. 广义表不是线性表。　　　　　　　　　　　　　　　　　　　　　　　　　　　（　　）

10. 二维以上的数组其实是一种特殊的广义表。　　　　　　　　　　　　　　　　（　　）

11. 稀疏矩阵用三元组表示法可节省空间,但对矩阵的操作会增加算法的难度和消耗更多的时间。　　　　　　　　　　　　　　　　　　　　　　　　　　　　　　　　　　（　　）

12. 广义表的取表尾运算,其结果通常是个表,但有时也可是个单元素值。　　　　（　　）

13. 广义表的同级元素(直属于同一个表中的各元素)具有线性关系。　　　　　　（　　）

14. 若一个广义表的表头为空表,则此广义表亦为空表。　　　　　　　　　　　　（　　）

15. 广义表中的元素或者是一个不可分割的原子,或者是一个非空的广义表。　　（　　）

16. 所谓取广义表的表尾就是返回广义表中最后一个元素。　　　　　　　　　　　（　　）

17. 对长度为无穷大的广义表,由于存储空间的限制,不能在计算机中实现。　　　（　　）

18. 一个广义表可以为其他广义表所共享。　　　　　　　　　　　　　　　　　　（　　）

四、解答题

1. 数组 $A[1..8,-2..6,0..6]$ 以行为主序存储,设第一个元素的首地址是 78,每个元素的长度为 4,试求元素 $A[4,2,3]$ 的存储首地址。

2. 数组 A 中,每个元素 $A[i,j]$ 的长度均为 32 个二进位,行下标从 -1 到 9,列下标从 1 到 11,从首地址 S 开始连续存放主存储器中,主存储器字长为 16 位。求:

(1) 存放该数组所需多少单元;

(2) 存放数组第 4 列所有元素至少需多少单元;

(3) 数组按行存放时,元素 $A[7,4]$ 的起始地址是多少;

(4) 数组按列存放时,元素 $A[4,7]$ 的起始地址是多少。

3. 设有三维数组 $A[-2:4,0:3,-5:1]$ 按列序存放,数组的起始地址为 1210,试求

$A(1,3,-2)$ 所在的地址(设每个元素占 L 个存储单元)。

4. 数组 $A[0..8,1..10]$ 的元素是 6 个字符组成的串,则存放 A 至少需要多少个字节? A 的第 8 列和第 5 行共占多少个字节? 若 A 按行优先方式存储,元素 $A[8,5]$ 的起始地址与当 A 按列优先方式存储时的哪个元素的起始地址一致?

5. 设 $m \times n$ 阶稀疏矩阵 A 有 t 个非零元素,其三元组表表示为 LTMA$[1..(t+1),1..3]$,试问:非零元素的个数 t 达到什么程度时用 LTMA 表示 A 才有意义?

6. 对一个有 t 个非零元素的 $A_{m \times n}$ 矩阵,用 $B[0..t][1..3]$ 的数组来表示,其中 0 行的三个元素分别为 m,n,t,从第一行开始到最后一行,每行表示一个非零元素;第一列为矩阵元素的行号,第二列为其列号,第三列为其值。对这样的表示法,如果需要经常进行该操作:确定任意一个元素 $A[i][j]$ 在 B 中的位置并修改其值,应如何设计算法可以使时间得到改善?

7. 有一个二维数组 $A[0:8,1:5]$,每个数组元素用相邻的 4 个字节存储,存储器按字节编址,假设存储数组元素 $A[0,1]$ 的第一个字节的地址是 0,那么存储数组的最后一个元素的第一个字节的地址是多少? 若按行存储,则 $A[3,5]$ 和 $A[5,3]$ 的第一个字节的地址是多少? 若按列存储,则 $A[7,1]$ 和 $A[2,4]$ 的第一个字节的地址是多少?

8. 设有三对角矩阵 $(a_{i,j})_{m \times n}$,将其三条对角线上的元素逐行地存于数组 $B[1:3n-2]$ 中,使得 $B[k] = a_{i,j}$,求:

(1) 用 i,j 表示 k 的下标变换公式;

(2) 若 $n = 10^3$,每个元素占用 L 个单元,则用 $B[k]$ 方式比常规存储节省多少单元。

9. 已知 A 为稀疏矩阵,试从空间和时间角度,比较采用两种不同的存储结构(二维数组和三元组表)完成求 $\sum a_{ii}(1 \leqslant i \leqslant n)$ 运算的优缺点。

10. 特殊矩阵和稀疏矩阵哪一种压缩存储后失去随机存取的功能? 为什么?

11. 试叙述一维数组与有序表的异同。

12. 一个 $n \times n$ 的对称矩阵,如果以行或列为主序存入内存,则其容量为多少?

13. 已知 n 阶下三角矩阵 A(即当 $i < j$ 时,有 $a_{ij} = 0$),按照压缩存储的思想,可以将其主对角线以下所有元素(包括主对角线上元素)依次存放于一维数组 B 中,请写出从第一列开始采用列序为主序分配方式时在 B 中确定元素 a_{ij} 的存放位置的公式。

14. 三对角矩阵 $(a_{ij})_{n \times n}$,将其三条对角线上的元素逐行存于数组 $B[1:3n-2]$ 中,使得 $B[k] = a_{ij}$,求:

(1) 用 i,j 表示 k 的下标变换公式;

(2) 用 k 表示 i,j 的下标变化公式。

15. 设矩阵 $A = \begin{bmatrix} 2 & 0 & 0 & 4 \\ 0 & 0 & 3 & 0 \\ 0 & 3 & 0 & 0 \\ 4 & 0 & 0 & 0 \end{bmatrix}$。

(1) 若将 A 视为对称矩阵,画出对其压缩存储的存储表,并讨论如何存取 A 中元素 a_{ij} ($0 \leqslant i, j < 4$);

(2) 若将 A 视为稀疏矩阵,画出 A 的十字链表存储结构。

16. 设对称矩阵 $A = \begin{bmatrix} 1 & 0 & 0 & 2 \\ 0 & 3 & 0 & 0 \\ 0 & 0 & 0 & 5 \\ 2 & 0 & 5 & 0 \end{bmatrix}$。

(1) 若将 A 中包括主对角线的下三角元素按列的顺序压缩到数组 S 中,即

S:	1	0	0	2	3	0	0	0	5	0
下标:	1	2	3	4	5	6	7	8	9	10

试求出 A 中任一元素的行列下标 $[i,j]$($1 \leqslant i, j \leqslant 4$)与 S 中元素的下标 k 之间的关系。

(2) 若将 A 视为稀疏矩阵,给出其三元组表形式压缩存储表。

17. 对于一个 $n \times n$ 的对称矩阵 A,采用压缩存储方式,用一个一维数组 B 按列只存放 A 的上三角部分:$B = [A_{11}, A_{12}, A_{22}, A_{13}, A_{23}, A_{33}, A_{14}, \cdots, A_{1n}, A_{2n}, \cdots, A_{nn}]$ 同时有两个函数:$\text{MAX}(i,j)$ 和 $\text{MIN}(i,j)$,分别计算下标 i 和 j 中的大者与小者。试利用它们给出求任意一个 A_{ij} 在 B 中存放位置的公式(若式中没有 $\text{MAX}(i,j)$ 和 $\text{MIN}(i,j)$ 则不给分)。

18. 用三元数组表示稀疏矩阵的转置矩阵,并简要写出解题步骤。

19. 简述广义表属于线性结构的理由。

20. 利用广义表的 Head 和 Tail 运算,把原子 d 分别从下列广义表 L1 和 L2 中分离出来,L1 = $(((((a),b),d),e))$;L2 = $(a,(b,((d)),e))$。

21. 画出广义表 $((),a,(b,(c,d)),(e,f))$ 的扩展线性链表存储结构图。

五、算法设计题

1. 编写算法,对一个 n 阶矩阵,通过行变换,使其每行元素的平均值按递增顺序排列。

2. 给定 $n \times m$ 矩阵 $A[a..b, c..d]$,并设 $A[i,j] \leqslant A[i,j+1]$($a \leqslant i \leqslant b, c \leqslant i \leqslant d-1$)和 $A[i,j] \leqslant A[i+1,j]$($a \leqslant i \leqslant b-1, c \leqslant i \leqslant d$)。设计一个算法判定 X 的值是否在 A 中,要求时间复杂度为 $O(m+n)$。

3. 编写算法,将一维数组 $A[n \times n]$($n \leqslant 10$)中的元素按蛇形方阵存放在二维数组 $B[n][n]$ 中,即 $B[0][0] = A[0]$,$B[0][1] = A[1]$,$B[1][0] = A[2]$,$B[2][0] = A[3]$,$B[1][1] = A[4]$,$B[0][3] = A[5]$,以此类推。

4. 如果矩阵 A 中存在这样的一个元素 $A[i,j]$ 满足条件:$A[i,j]$ 是第 i 行中值最小的元素,且是第 j 列中值最大的元素,则称其为该矩阵的一个马鞍点。请编程求出 $m \times n$ 的矩阵 A 的所有马鞍点,并分析算法在最坏情况下的时间复杂度。

5. 给定有 m 个整数的递增有序数组 $a[1..m]$ 和有 n 个整数的递减有序数组 $b[1..n]$,编写算法将数组 a 和数组 b 归并为递增有序数组 $c[1..m+n]$。要求:算法的时间复杂度为 $O(m+n)$。

6. 设计一个算法,将数组 $A[0..n-1]$ 中的元素循环右移 k 位,并要求只用一个元素大小的附加存储。

7. 编写递归算法,逆转广义表中的数据元素,例如:将广义表 $(a,((b,c),()),(((d),e),f))$ 逆转为 $((f,(e,(d))),((),(c,b)),a)$。

第 6 章　树和二叉树

 实训项目

基础实训 1　二叉树基本运算

1. 实验目的

(1) 理解并掌握二叉树的二叉链表存储结构;

(2) 掌握二叉树的基本运算算法;

(3) 编程实现二叉树的各种基本操作。

2. 实验内容

(1) 编写二叉树的基本运算函数:

① void CreateBTree(BTNode * & b,char * str):创建二叉树;

② void DestroyBTree(BTNode * & b):销毁二叉树;

③ int BTHeight(BTNode * b):求二叉树的高度;

④ void InOrderCount1(BTNode * b):中序遍历二叉树 b,统计其结点总个数;

⑤ void DispBTree(BTNode * b):输出二叉树 b;

⑥ void LevelOrder(BTNode * b):层次遍历二叉树 b;

⑦ void PreOrder(BTNode * b):先序遍历二叉树 b;

⑧ void InOrder(BTNode * b):中序遍历二叉树 b;

⑨ void PostOrder(BTNode * b):后序遍历二叉树 b;

⑩ int Level(BTNode * b,ElemType x):查找值为 x 的结点在二叉树 b 中的层数;

⑪ int Ancestor(BTNode * b,ElemType x):输出值为 x 的结点在二叉树 b 中的祖先。

(2) 编写一个主程序,调用上述函数,实现图 6.1 所示的二叉树的各项基本操作。

```
                  二叉树基本运算
*******************************************
             1----创建二叉树
             2----求二叉树的高度
             3----求二叉树的结点总数
             4----层次遍历二叉树
             5----先序遍历二叉树
             6----中序遍历二叉树
             7----后序遍历二叉树
             8----求值为x的结点所在的层数
             9----求值为x的结点的祖先
             0----退出
*******************************************
■请输入指令:
```

图 6.1　二叉树基本操作主菜单

3. 程序实现

完整代码如下：

```
#include <stdio.h>
#include <stdlib.h>
#include <malloc.h>
#define MaxSize 100
typedef char ElemType；
typedef struct node
{
    ElemType data;                    /*数据元素*/
    struct node * lchild;             /*指向左孩子节点*/
    struct node * rchild;             /*指向右孩子节点*/
}BTNode；
//－－－－－－－－－－－－－－－循环队列基本运算算法－－－－－－－－－－－－－－－
typedef struct
{   BTNode * data[MaxSize];                     /*存放队中元素*/
    int front, rear;                            /*队头和队尾指针*/
}SqQueue；                                        /*循环队列*/
void InitQueue(SqQueue * & q)                    /*初始化队列*/
{   q = (SqQueue * )malloc(sizeof(SqQueue));
    q->front = q->rear = 0；
}
void DestroyQueue(SqQueue * & q)                 /*销毁队列*/
{
    free(q)；
}
int QueueEmpty(SqQueue * q)                      /*判断队列是否为空*/
{
    return(q->front = = q->rear)；
}
int enQueue(SqQueue * & q, BTNode * e)           /*入队*/
{   if ((q->rear + 1)%MaxSize = = q->front)      /*队满上溢出*/
        return false；
    q->rear = (q->rear + 1)%MaxSize；
    q->data[q->rear] = e；
    return true；
}
int deQueue(SqQueue * & q, BTNode * & e)         /*出队*/
{   if (q->front = = q->rear)                    /*队空下溢出*/
        return false；
    q->front = (q->front + 1)%MaxSize；
    e = q->data[q->front]；
    return true；
```

```
}
//-------------------------------------------------
void CreateBTree(BTNode * & b, char * str)          /*创建二叉树*/
{   BTNode * St[MaxSize], * p = NULL;               /*栈 st 保存双亲结点*/
    int top = -1, k, j = 0;
    char ch;
    b = NULL;                                       /*建立的二叉树初始时为空*/
    ch = str[j];
    while (ch! = '\0')                              /*str 未扫描完时循环*/
    {   switch(ch)
        {   case '(':top++;  St[top] = p;  k = 1;  break;    /*开始处理左孩子结点*/
            case ')':top--;   break;                          /*栈顶结点的子树处理完毕*/
            case ',':k = 2;   break;                          /*开始处理右孩子结点*/
            default:p = (BTNode * )malloc(sizeof(BTNode));    /*创建一个结点*/
                p->data = ch;   p->lchild = p->rchild = NULL;
                if (b = = NULL)                               /*p 所指结点为二叉树的根*/
                    b = p;
                else                                          /*已建立二叉树的根结点*/
                {   switch(k)
                    {   case 1: St[top]->lchild = p; break;  /*作为栈顶结点的左孩子*/
                        case 2: St[top]->rchild = p; break;  /*作为栈顶结点的右孩子*/
                    }
                }
        }
        j++;           /*继续扫描下一字符*/
        ch = str[j];
    }
}
void DestroyBTree(BTNode *&b)               /*销毁二叉树*/
{   if (b! = NULL)                          /*非空二叉树*/
    {   DestroyBTree(b->lchild);           /*销毁左子树*/
        DestroyBTree(b->rchild);           /*销毁左子树*/
        free(b);                            /*释放根结点*/
    }
}
int BTHeight(BTNode * b)                    /*求二叉树的高度*/
{   int lchildh, rchildh;
    if (b = = NULL)   return 0;             /*空二叉树,高度为 0*/
    else                                    /*非空二叉树*/
    {   lchildh = BTHeight(b->lchild);     /*递归处理,求左子树高度*/
        rchildh = BTHeight(b->rchild);     /*递归处理,求右子树高度*/
        return (lchildh>rchildh)? (lchildh + 1):(rchildh + 1);
    }
```

```
    }
    int n=0;                              /* n 为全局变量,用于计数 */
    void InOrderCount1(BTNode * b)        /* 中序遍历二叉树 b,统计其结点总个数 */
    {   if (b)                            /* 二叉树非空 */
        {   InOrderCount1(b->lchild);     /* 中序遍历左子树,统计其结点个数 */
            n++;                          /* 对当前结点计数 */
            InOrderCount1(b->rchild);     /* 中序遍历右子树,统计其结点个数 */
        }
    }
    void DispBTree(BTNode * b)            /* 输出二叉树 */
    {   if (b!=NULL)                      /* 非空二叉树 */
        {   printf("%c",b->data);         /* 输出根结点 */
            if (b->lchild! =NULL ‖ b->rchild! =NULL)   /* 有孩子结点时 */
            {   printf("(");              /* 输出( */
                DispBTree(b->lchild);     /* 递归处理左子树 */
                if (b->rchild! =NULL)printf(",");   /* 有右孩子结点时,输出, */
                DispBTree(b->rchild);     /* 递归处理右子树 */
                printf(")");              /* 输出) */
            }
        }
    }
    void LevelOrder(BTNode * b)           /* 层次遍历二叉树 b */
    {   BTNode * p;
        SqQueue * qu;
        InitQueue(qu);                    /* 初始化队列 */
        enQueue(qu,b);                    /* 根结点指针入队 */
        while(! QueueEmpty(qu))           /* 队不空时循环 */
        {   deQueue(qu,p);                /* 出队,赋给 p */
            printf("%c ",p->data);        /* 访问 p 所指结点 */
            if (p->lchild! =NULL)         /* 有左孩子时,左孩子入队 */
                enQueue(qu,p->lchild);
            if (p->rchild! =NULL)         /* 有右孩子时,右孩子入队 */
                enQueue(qu,p->rchild);
        }
    }
    void PreOrder(BTNode * b)             /* 先序遍历二叉树 t */
    {   if (b)                            /* 二叉树非空 */
        {   printf("%c ", b->data);       /* 访问根结点 */
            PreOrder(b->lchild);          /* 先序遍历左子树 */
            PreOrder(b->rchild)           /* 先序遍历右子树 */
        }
    }
    void InOrder(BTNode * b)              /* 中序遍历二叉树 t */
```

```
{    if (b)                              /* 二叉树非空 */
    {    InOrder(b->lchild);            /* 中序遍历左子树 */
         printf("%c ", b->data);        /* 访问根结点 */
         InOrder(b->rchild);            /* 中序遍历右子树 */
    }
}
void PostOrder(BTNode * b)               /* 后序遍历二叉树 t */
{    if (b)                              /* 二叉树非空 */
    {    PostOrder(b->lchild);          /* 后序遍历左子树 */
         PostOrder(b->rchild);          /* 后序遍历右子树 */
         printf("%c ", b->data);        /* 访问根结点 */
    }
}
int Level(BTNode * b, ElemType x)        /* 查找值为 x 的结点在二叉树 t 中的层数 */
{    int lh, rh;
     if(b= =NULL)    return 0;           /* 二叉树 t 为空,返回 0 */
     if(b->data= =x)    return 1;        /* 二叉树 t 的根结点为 x,返回 1 */
     lh = Level(b->lchild,x);            /* 在左子树中递归查找,lh 为 x 在左子树中的层数 */
     if (lh)    return lh+1;             /* 若 lh! =0,则左子树中有 x,返回 x 的层数 lh+1 */
     else                               /* 左子树中无 x */
     {    rh = Level(b->rchild,x);       /* 在右子树中递归查找,rh 为 x 在右子树中的层数 */
          if (rh)    return rh+1;        /* 若 rh! =0,则右子树中有 x,返回 rh+1 */
          else    return 0;             /* 否则,二叉树中无 x,返回 0 */
     }
}
int Ancestor(BTNode * b, ElemType x)    /* 判断二叉树 t 中是否存在 x 结点,输出 x 的所有祖先 */
{
     if(b= =NULL)    return 0;           /* 空二叉树 */
     if(b->data= =x)                     /* 根结点的值为 x */
          return 1;
     if(Ancestor(b->lchild,x) || Ancestor(b->rchild,x))    /* 左子树或右子树中存在 x 结点 */
     {    printf("%c",b->data);
          return 1;
     }
     else return 0;                      /* 非空二叉树不存在 x 结点 */
}
void Menu()
{
     system("CLS");
     printf("\n                 二叉树基本运算");
     printf("\n * * * * * * * * * * * * * * * * * * * * * * * * * * * * * * * * *");
     printf("\n|           1 - - - - 创建二叉树                     |");
```

```
        printf("\n|           2－－－－求二叉树的高度                |");
        printf("\n|           3－－－－求二叉树的结点总数            |");
        printf("\n|           4－－－－层次遍历二叉树                |");
        printf("\n|           5－－－－先序遍历二叉树                |");
        printf("\n|           6－－－－中序遍历二叉树                |");
        printf("\n|           7－－－－后序遍历二叉树                |");
        printf("\n|           8－－－－求值为 x 的结点所在的层数     |");
        printf("\n|           9－－－－求值为 x 的结点的祖先         |");
        printf("\n|           0－－－－退出                          |");
        printf("\n＊＊＊＊＊＊＊＊＊＊＊＊＊＊＊＊＊＊＊＊＊＊＊＊＊＊＊＊＊＊＊");
        printf("\n■请输入指令:\n");
}
int main()
{
    char str[MaxSize], x;
    int no, flag＝1;
    BTNode ＊ b;
    Menu();
    while(1)
    {
        scanf("%d",&no);                    /＊读入一个指令序号＊/
        switch(no)
        {
            case 1:
                printf("\t 请输入括号表示法描述的二叉树:");
                getchar();gets(str);            /＊读入二叉树的字符串＊/
                CreateBTree(b,str);             /＊创建二叉树的二叉链表存储结构＊/
                printf("\t 创建的二叉树:");
                DispBTree(b);                   /＊输出二叉树＊/
                break;
            case 2:
                printf("\t 二叉树的高度为:%d",BTHeight(b));
                break;
            case 3:
                InOrderCount1(b);
                printf("\t 二叉树的结点总数为:%d",n);
                n＝0;
                break;
            case 4:
                printf("\t 二叉树的层次遍历序列为:");
                LevelOrder(b);
                break;
```

```
        case 5：
            printf("\t 二叉树的先序遍历序列为：")；
            PreOrder(b)；
            break；
        case 6：
            printf("\t 二叉树的中序遍历序列为：")；
            InOrder(b)；
            break；
        case 7：
            printf("\t 二叉树的后序遍历序列为：")；
            PostOrder(b)；
            break；
        case 8：
            getchar()；
            printf("\t 请输入 x 的值,x= ")；
            scanf("%c",& x)；
            printf("\t 值为%c 的结点在第%d 层",x,Level(b, x))；
            break；
        case 9：
            getchar()；
            printf("\t 请输入 x 的值,x= ")；
            scanf("%c",& x)；
            printf("\t 值为%c 的结点的祖先为：",x)；
            Ancestor(b,x)；
            break；
        case 0：
            flag = 0；break；
            default：
            printf("输入错误,请重新选择 0 - 9 进行输入！\n")；
        }
        if (flag = = 0) {DestroyBTree(b)；break；}
        printf("\n■请输入指令：\n")；
        getchar()；
    }
    return 0；
}
```

4. 运行结果

运行结果如图 6.2 所示。

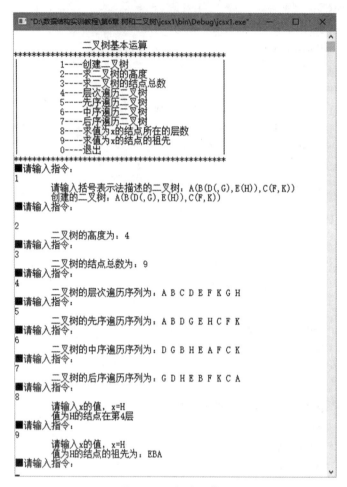

图 6.2　运行结果截图

基础实训 2　中序线索二叉树的创建与遍历

1. 实验目的

(1) 理解并掌握线索二叉树的存储结构;

(2) 掌握中序线索二叉链表的创建过程和线索二叉树的遍历过程;

(3) 编程实现中序线索二叉树的创建和遍历操作。

2. 实验内容

(1) 编写二叉树的基本运算函数:

① void CreateTBTNode(TBTNode ＊＆b,char ＊str):创建二叉树 b;

② void Thread(TBTNode ＊＆p):对二叉树 p 进行中序线索化;

③ TBTNode ＊CreaThread(TBTNode ＊b):中序线索化二叉树 b;

④ void ThInOrder(TBTNode ＊tb):中序遍历中序线索二叉树 tb;

⑤ void DispTBTNode(TBTNode ＊b):输出二叉树 b。

(2) 编写一个主程序,调用上述函数,对输入的二叉树(括号表示法)建立对应的中序线索二叉链表,并按中序遍历该线索二叉树,输出遍历序列。

3. 程序实现

完整代码如下：

```c
#include <stdio.h>
#include <malloc.h>
#define MaxSize 100
typedef char ElemType;
typedef struct node
{
    ElemType data;
    int ltag, rtag;                    /*增加的线索标记*/
    struct node * lchild;
    struct node * rchild;
}TBTNode;
void CreateTBTNode(TBTNode * &b, char * str)
{
    TBTNode * St[MaxSize], * p=NULL;
    int top=-1, k, j=0;
    char ch;
    b=NULL;                           /*建立的二叉树初始时为空*/
    ch=str[j];
    while (ch! ='\0')                 /*str未扫描完时循环*/
    {
        switch(ch)
        {   case '(':top++;  St[top]=p;  k=1;  break;    /*开始处理左孩子结点*/
            case ')':top--;  break;                      /*栈顶结点的子树处理完毕*/
            case ',':k=2;  break;                        /*开始处理右孩子结点*/
            default:p=(TBTNode * )malloc(sizeof(TBTNode));
                    p->data=ch;p->lchild=p->rchild=NULL;
                    if (b==NULL)
                        b=p;                 /*p所指结点作为二叉树的根结点*/
                    else                     /*已建立二叉树根结点*/
                    {
                        switch(k)
                        {
                            case 1: St[top]->lchild=p; break;  /*新结点作为栈顶的左孩子*/
                            case 2: St[top]->rchild=p; break;  /*新结点作为栈顶的右孩子*/
                        }
                    }
        }
        j++;
        ch=str[j];
    }
}
void DispTBTNode(TBTNode * b)
```

```
{
    if (b! = NULL)
    {
        printf("%c",b->data);
        if (b->lchild! = NULL || b->rchild! = NULL)
        {
            printf("(");
            DispTBTNode(b->lchild);
            if (b->rchild! = NULL) printf(",");
            DispTBTNode(b->rchild);
            printf(")");
        }
    }
}
TBTNode * pre;                          /*全局变量*/
void Thread(TBTNode *& p)
{
    if (p! = NULL)
    {
        Thread(p->lchild);              /*左子树线索化*/
        if (p->lchild = = NULL)         /*前驱线索*/
        {
            p->lchild = pre;            /*建立当前结点的前驱线索*/
            p->ltag = 1;
        }
        else p->ltag = 0;
        if (pre->rchild = = NULL)       /*后继线索*/
        {
            pre->rchild = p;            /*建立前驱结点的后继线索*/
            pre->rtag = 1;
        }
        else pre->rtag = 0;
        pre = p;
        Thread(p->rchild);              /*右子树线索化*/
    }
}
TBTNode * CreateThread(TBTNode * b)/*中序线索化二叉树*/
{
    TBTNode * root;
    root = (TBTNode * )malloc(sizeof(TBTNode));   /*创建根结点*/
    root->ltag = 0;   root->rtag = 1;
    root->rchild = b;
    if (b = = NULL)                                /*空二叉树*/
```

```
        root->lchild = root;
    else
    {
        root->lchild = b;
        pre = root;                /* pre 是 * p 的前驱结点,供加线索用 */
        Thread(b);                 /* 中序遍历线索化二叉树 */
        pre->rchild = root;        /* 最后处理,加入指向根结点的线索 */
        pre->rtag = 1;
        root->rchild = pre;        /* 根结点右线索化 */
    }
    return root;
}
void ThInOrder(TBTNode * tb)
{
    TBTNode * p = tb->lchild;      /* 指向根结点 */
    while (p! = tb)
    {
        while (p->ltag = = 0) p = p->lchild;
        printf("%c ", p->data);
        while (p->rtag = = 1 && p->rchild! = tb)
        {
            p = p->rchild;
            printf("%c ", p->data);
        }
        p = p->rchild;
    }
}
int main()
{   TBTNode * b, * tb;
    char str[MaxSize];
    printf("请输入括号表示法描述的二叉树:");
    gets(str);                              /* 读入二叉树的字符串 */
    CreateTBTNode(b,str);                   /* 创建二叉树的二叉链表存储结构 */
    printf("\n 二叉树已创建,输出创建的二叉树:");
    DispTBTNode(b);  printf("\n");
    tb = CreateThread(b);
    printf("\n 二叉树已完成中序线索化,线索中序序列为:");
    ThInOrder(tb);  printf("\n");
    return 0;
}
```

4．运行结果

运行结果如图 6.3 所示。

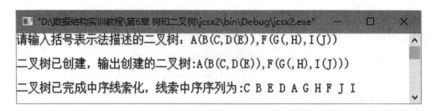

图 6.3　运行结果截图

拓展实训 1　表达式二叉树求值

1．问题描述

输入一个算术表达式,假设表达式中的数均为小于 10 的正整数,表达式中的运算符仅包含 +、−、×、/、(、),要求:利用二叉树来表示该表达式,创建表达式二叉树并求出表达式的值。

提示:可以通过扫描输入的算术表达式字符串来构建对应的表达式二叉树。当表达式未扫描完毕时,反复执行以下操作:

(1) 如果读入的是数字字符,则创建以该字符为根的二叉树,并将根结点指针压入运算数栈 s1,读下一字符;

(2) 如果读入的是运算符(为了方便比较运算符的优先级,将′\0′看成是优先级最低的运算符,并且初始将′\0′压入运算符栈 s2),则比较运算符栈 s2 的栈顶算符 optr 与当前运算符 * ch 的优先级关系:① 如果当前运算符 * ch 的优先级高,则将当前运算符 * ch 压入运算符栈 s2 中,读下一字符;② 如果当前运算符 * ch 的优先级低,则弹出运算符栈 s2 的栈顶算符赋给变量 th,依次弹出运算数栈 s1 的两个元素分别赋值给指针变量 pb 和 pa,以 th 为根,pa 和 pb 为左、右子树创建二叉树,并将二叉树的根结点指针压入运算数栈 s1 中;③ 如果当前运算符 * ch 与运算符栈 s2 的栈顶算符 optr 的优先级相等,即当前算符为′)′,optr 为′(′时,弹出运算符栈 s2 的栈顶算符 optr,读下一字符。

各运算符之间的优先级关系如表 6.1 所示。

表 6.1　各运算符之间的优先级关系

optr ＼ ch	+、−	×、/	(	)	\0
+、−	>	<	<	>	>
×、/	>	>	<	>	>
(	<	<	<	=	>
\0	<	<	<	<	=

当表达式扫描完毕后，取运算符栈 s2 的栈顶算符 optr，只要 optr！＝'\0'就反复执行下列操作：弹出运算符栈 s2 的栈顶算符赋给变量 th，依次弹出运算数栈 s1 的两个元素分别赋值给指针变量 pb 和 pa，以 th 为根，pa 和 pb 为左、右子树创建二叉树，并将二叉树的根结点指针压入运算数栈 s1 中。至此，表达式二叉树构建完毕。

2. 运行结果示例

运行结果如图 6.4 所示。

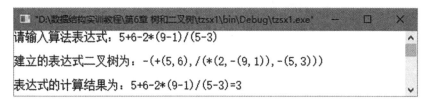

图 6.4 表达式二叉树求值运行结果示例

拓展实训 2 哈夫曼编码/译码器

1. 问题描述

利用哈夫曼编码进行信息通信可以大大提高信道的利用率，缩短信息传输的时间，降低传输成本。但是，前提要求必须在发送端通过一个编码系统对准备传输的数据进行预先编码，而在接收端将传输来的数据进行译码。本实训项目要求实现一个简单的哈夫曼编码/译码器，即从键盘接收一串电文字符，输出对应的哈夫曼编码。同时，能翻译由哈夫曼编码生成的代码串，输出对应的电文字符串。

提示：首先，需要构造一棵哈夫曼树，如果有 n 个叶子结点，则构造的哈夫曼树共有 $2n-1$ 个结点，使用结构体数组来存储哈夫曼树及其编码。然后，利用建立好的哈夫曼树，对输入的电文进行编码，对输入的代码串进行译码。

编码，即将原始电文按照哈夫曼编码转换为 0 和 1 组成的代码串，其基本思想是：逐个扫描原始电文中的每个字符，以扫描到的字符为标准，在表示哈夫曼树的数组 ht 中查找每个叶子结点，如果某叶子结点对应的字符与电文中的当前字符相等，则将存储哈夫曼编码的数组 hcd 中对应的编码输出，直至原始电文扫描完毕为止。

译码，即将由 0 和 1 组成的电文代码串按哈夫曼编码转换为原始电文字符串，其基本思想是：首先找到表示哈夫曼树的数组 ht 中的根结点，然后开始逐个扫描 0 和 1 组成的电文代码串，如果当前代码为 0，则转向左子树；如果为 1，则转向右子树。重复上述过程直到转至叶子结点，此时输出叶子结点对应的字符。再次回到数组 ht 中的根结点，并按上述规则继续向后扫描电文代码串。重复以上步骤，直到电文代码串扫描完毕为止。

2. 运行结果示例

运行结果如图 6.5 所示。

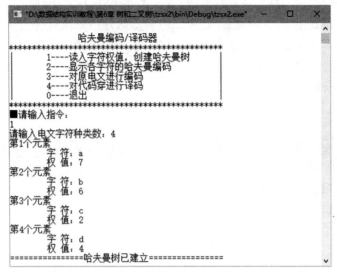

图 6.5　哈夫曼编码/译码器运行结果示例

 典型习题

一、选择题

1. 设树 T 的度为 4,其中度为 1、2、3、4 的结点个数分别为 4、2、1、1,则 T 中的叶子数为
(　　)。

　　A. 5　　　　　　　　B. 6　　　　　　　　C. 7　　　　　　　　D. 8

2. 在下述结论中,正确的是(　　)。

　　① 只有一个结点的二叉树的度为 0;② 二叉树的度为 2;③ 二叉树的左右子树可任
意交换;④ 深度为 K 的完全二叉树的结点个数小于或等于深度相同的满二叉树。

　　A. ①②③　　　　　B. ②③④　　　　　C. ②④　　　　　　D. ①④

3. 二叉树以二叉链表存储,若指针 p 指向二叉树的根结点,经过运算 s = p; while(s -
>rchild) s = s ->rchild;后,则(　　)。

　　A. s 指向二叉树的最右下方的结点　　　B. s 指向二叉树的最左下方的结点

　　C. s 指向二叉树的根结点　　　　　　　D. s 为 NULL

　4. 若一棵二叉树有 10 个度为 2 的结点,5 个度为 1 的结点,则度为 0 的结点有
(　　)个。

　　A. 9　　　　　　　B. 11　　　　　　　C. 15　　　　　　D. 不确定

　5. 在一棵三元树中度为 3 的结点数为 2 个,度为 2 的结点数为 1 个,度为 1 的结点数为
2 个,则度为 0 的结点数为(　　)个。

　　A. 4　　　　　　　B. 5　　　　　　　C. 6　　　　　　D. 7

　6. 设森林 F 中有三棵树,第一、第二、第三棵树的结点个数分别为 M1,M2 和 M3。与森
林 F 对应的二叉树根结点的右子树上的结点个数是(　　)。

　　A. M1　　　　　　B. M1 + M2　　　　C. M3　　　　　　D. M2 + M3

　7. 具有 10 个叶结点的二叉树中有(　　)个度为 2 的结点。

　　A. 8　　　　　　　B. 9　　　　　　　C. 10　　　　　　D. 11

　8. 一棵完全二叉树上有 1001 个结点,其中叶子结点的个数是(　　)。

　　A. 250　　　　　　B. 500　　　　　　C. 254　　　　　D. 501

　9. 设给定权值总数有 n 个,其哈夫曼树的结点总数为(　　)。

　　A. 不确定　　　　　B. $2n$　　　　　　C. $2n+1$　　　　D. $2n-1$

　10. 下列选项给出的是从根分别到达两个叶子结点路径上的权值序列,能属于同一棵
哈夫曼树的是(　　)。

　　A. 24,10,5 和 24,10,7　　　　　　　B. 24,10,5 和 24,12,7

　　C. 24,10,10 和 24,14,11　　　　　　D. 24,10,5 和 24,14,6

　11. 对于一棵具有 n 个结点,度为 4 的树来说,(　　)。

　　A. 树的高度至多是 $n-3$　　　　　　B. 树的高度至多是 $n-4$

　　C. 第 i 层上至多有 $4(i-1)$ 个结点　　D. 至少某一层上正好有 4 个结点

　12. 在一棵度为 4 的树 T 中,若有 20 个度为 4 的结点,10 个度为 3 的结点,1 个度为 2
的结点,10 个度为 1 的结点,则树 T 的叶子结点个数是(　　)。

　　A. 41　　　　　　　B. 82　　　　　　C. 113　　　　　D. 122

　13. 已知一棵完全二叉树的第 6 层(设根为第 1 层)有 8 个叶子结点,则该完全二叉树的
结点个数最多为(　　)。

　　A. 39　　　　　　　B. 52　　　　　　C. 111　　　　　D. 119

　14. 一棵完全二叉树中,根的序号为 1,(　　)可判断序号为 P 和 Q 的两个结点是否在
同一层。

　　A. $\lfloor \log_2 P \rfloor = \lfloor \log_2 Q \rfloor$　　　　　　B. $\lfloor \log_2 P \rfloor + 1 = \lfloor \log_2 Q \rfloor$

　　C. $\log_2 P = \log_2 Q$　　　　　　　D. $\lfloor \log_2 P \rfloor = \lfloor \log_2 Q \rfloor + 1$

　15. 若度为 m 的哈夫曼树中,其叶结点个数为 n,则非叶结点的个数为(　　)。

　　A. $n-1$　　　　　　　　　　　B. $\lfloor n/m \rfloor - 1$

　　C. $\lceil (n-1)/(m-1) \rceil$　　　　　D. $\lceil n/(m-1) \rceil - 1$

　　E. $\lceil (n+1)/(m+1) \rceil - 1$

　16. 有关二叉树下列说法正确的是(　　)。

　　A. 二叉树的度为 2　　　　　　　　B. 一棵二叉树的度可以小于 2

C. 二叉树中至少有一个结点的度为 2　　 D. 二叉树中任何一个结点的度都为 2

17. 二叉树的第 i 层上最多含有结点数为（　　）。

A. 2^i　　　　 B. $2^{i-1}-1$　　　　 C. 2^{i-1}　　　　 D. 2^i-1

18. 一个具有 1025 个结点的二叉树的高 h 为（　　）。

A. 11　　　　 B. 10　　　　 C. 11～1025　　　　 D. 10～1024

19. 一棵二叉树高度为 h，所有结点的度或为 0，或为 2，则这棵二叉树最少有（　　）个结点。

A. $2h$　　　　 B. $2h-1$　　　　 C. $2h+1$　　　　 D. $h+1$

20. 对于有 n 个结点的二叉树，其高度为（　　）。

A. $n\log_2 n$　　　　 B. $\log_2 n$　　　　 C. $\lfloor \log_2 n \rfloor + 1$　　　　 D. 不确定

21. 一棵具有 n 个结点的完全二叉树的树高度（深度）是（　　）。

A. $\lfloor \log_2 n \rfloor + 1$　　 B. $\log_2 n + 1$　　 C. $\lfloor \log_2 n \rfloor$　　 D. $\log_2 n - 1$

22. 深度为 h 的满 m 叉树的第 $k(1 \leqslant k \leqslant h)$ 层有（　　）个结点。

A. m^{k-1}　　　　 B. m^k-1　　　　 C. m^{h-1}　　　　 D. m^h+1

23. 在一棵高度为 k 的满二叉树中，结点总数为（　　）。

A. 2^{k-1}　　 B. 2^k　　 C. 2^k-1　　 D. $\lfloor \log 2^k \rfloor + 1$

24. 高度为 k 的二叉树最大的结点数为（　　）。

A. 2^k　　　　 B. 2^{k-1}　　　　 C. 2^k-1　　　　 D. $2^{k-1}-1$

25. 一棵树高为 k 的完全二叉树至少有（　　）个结点。

A. 2^k-1　　　　 B. $2^{k-1}-1$　　　　 C. 2^{k-1}　　　　 D. 2^k

26. 当一棵有 n 个结点的二叉树按层次从上到下，同一层按从左到右顺序存储在一维数组 $A[1..n]$ 中时，数组中第 $i(i$ 从 1 开始$)$ 个结点的左孩子为（　　）。

A. $A[2i](2i \leqslant n)$　　　　　　 B. $A[2i+1](2i+1 \leqslant n)$

C. $A[i/2]$　　　　　　　　　　　 D. 无法确定

27. 一棵完全二叉树有 768 个结点，则该二叉树中叶子结点的个数是（　　）。

A. 257　　　 B. 258　　　 C. 384　　　 D. 385

28. 已知一棵有 2011 个结点的树，其叶子结点的个数为 116，该树对应的二叉树中无右孩子的结点个数为（　　）。

A. 115　　　 B. 116　　　 C. 1895　　　 D. 1896

29. 在以下选项中，（　　）不是完全二叉树。

A.　　　　　　　　 B.　　　　　　　　 C.　　　　　　　　 D.

30. 若二叉树采用二叉链表存储结构，要交换其所有分支结点左、右子树的位置，利用（　　）遍历方法最合适。

A. 前序　　　 B. 中序　　　 C. 后序　　　 D. 按层次

31. 在下列存储形式中，哪一个不是树的存储形式？（　　）

A. 双亲表示法　　　　　　　　　B. 孩子链表表示法

C. 孩子兄弟表示法　　　　　　　D. 顺序存储表示法

32. 一棵二叉树的前序遍历序列为 ABCDEFG,它的中序遍历序列可能是(　　)。

A. CABDEFG　　　B. ABCDEFG　　　C. DACEFBG　　　D. ADCFEGB

33. 已知一棵二叉树的前序遍历结果为 ABCDEF,中序遍历结果为 CBAEDF,则后序遍历的结果为(　　)。

A. CBEFDA　　　B. FEDCBA　　　C. CBEDFA　　　D.不确定

34. 先序序列为 abcd 的不同二叉树的个数为(　　)。

A. 13　　　　　B. 14　　　　　C. 15　　　　　D. 16

35. 若一棵二叉树的前序和后序序列分别为 1234 和 4321,则其中序序列不会是(　　)。

A. 1234　　　　B. 2341　　　　C. 3241　　　　D. 4321

36. 将二叉树的概念推广到三叉树,则一棵有 244 个结点的完全三叉树的高度为(　　)。

A. 4　　　　　B. 5　　　　　C. 6　　　　　D. 7

37. 利用二叉链表存储树,则根结点的右指针是(　　)。

A. 指向最左孩子　B. 指向最右孩子　C. 空　　　　D. 非空

38. 对二叉树的结点从 1 开始进行连续编号,要求每个结点的编号大于其左、右孩子的编号,同一结点的左右孩子中,其左孩子的编号小于其右孩子的编号,可采用(　　)次序的遍历实现编号。

A. 先序　　　　B. 中序　　　　C. 后序　　　　D. 从根开始按层次遍历

39. 树的后根遍历序列等同于该树对应的二叉树的(　　)。

A. 先序序列　　　B. 中序序列　　　C. 后序序列　　　D. 层次序列

40. 下面的说法中正确的是(　　)。

(1) 任何一棵二叉树的叶子结点在三种遍历中的相对次序不变;

(2) 按二叉树定义,具有三个结点的二叉树共有 6 种形态。

A. (1)(2)　　　　B. (1)　　　　C. (2)　　　　D. (1)、(2)都错

41. 某二叉树 T 有 n 个结点,设按某种顺序对 T 中的每个结点进行编号,编号为 1,2,…,n,且有如下性质:T 中任一结点 V,其编号等于左子树上的最小编号减 1,而 V 的右子树的结点中,其最小编号等于 V 左子树上结点的最大编号加 1。这是按(　　)编号的。

A. 中序遍历序列　B. 前序遍历序列　C. 后序遍历序列　D. 层次顺序

42. 一棵非空二叉树的先序遍历序列与后序遍历序列正好相反,则该二叉树一定满足(　　)。

A. 所有的结点均无左孩子　　　　B. 所有的结点均无右孩子

C. 只有一个叶子结点　　　　　　D. 是任意一棵二叉树

43. 如果二叉树中结点的先序序列是…a…b…,中序序列是…b…a…,则(　　)。

A. 结点 a 和结点 b 分别在某结点的左子树和右子树上

B. 结点 b 在结点 a 的右子树中

C. 结点 b 在结点 a 的左子树中

D. 结点 a 和结点 b 分别在某结点的两棵非空子树中

44. 某二叉树的前序序列和后序序列正好相反,则该二叉树一定是(　　)的二叉树。
　　A. 空或只有一个结点　　　　　　　B. 任一结点无左子树
　　C. 高度等于其结点数　　　　　　　D. 任一结点无右子树

45. 下列线索二叉树中(虚线表示线索),符合后序线索树定义的是(　　)。

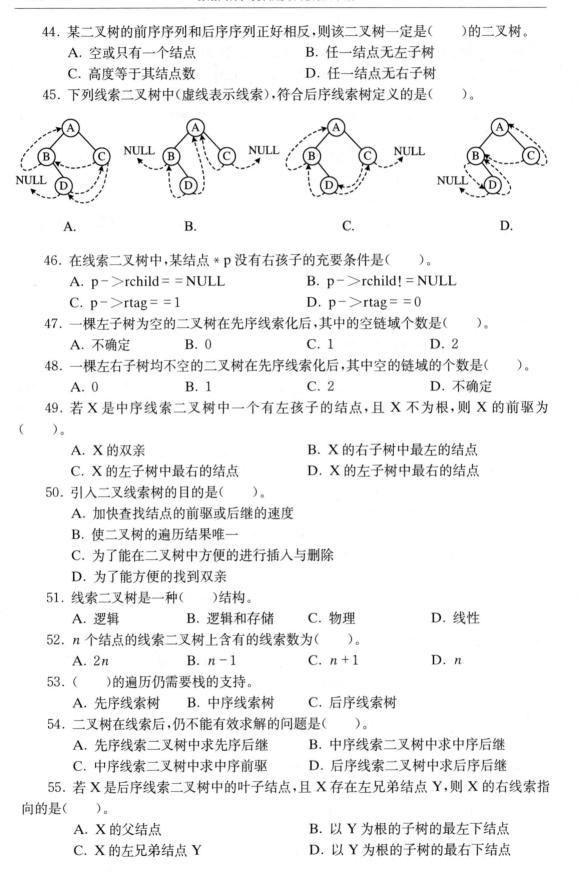

　　　　A.　　　　　　　　　B.　　　　　　　　　C.　　　　　　　　　D.

46. 在线索二叉树中,某结点 * p 没有右孩子的充要条件是(　　)。
　　A. p->rchild == NULL　　　　　B. p->rchild! = NULL
　　C. p->rtag == 1　　　　　　　　D. p->rtag == 0

47. 一棵左子树为空的二叉树在先序线索化后,其中的空链域个数是(　　)。
　　A. 不确定　　　　B. 0　　　　　　C. 1　　　　　　D. 2

48. 一棵左右子树均不空的二叉树在先序线索化后,其中空的链域的个数是(　　)。
　　A. 0　　　　　　B. 1　　　　　　C. 2　　　　　　D. 不确定

49. 若 X 是中序线索二叉树中一个有左孩子的结点,且 X 不为根,则 X 的前驱为
(　　)。
　　A. X 的双亲　　　　　　　　　　　B. X 的右子树中最左的结点
　　C. X 的左子树中最右的结点　　　　D. X 的左子树中最右的结点

50. 引入二叉线索树的目的是(　　)。
　　A. 加快查找结点的前驱或后继的速度
　　B. 使二叉树的遍历结果唯一
　　C. 为了能在二叉树中方便的进行插入与删除
　　D. 为了能方便的找到双亲

51. 线索二叉树是一种(　　)结构。
　　A. 逻辑　　　　　B. 逻辑和存储　　　C. 物理　　　　　D. 线性

52. n 个结点的线索二叉树上含有的线索数为(　　)。
　　A. $2n$　　　　　B. $n-1$　　　　　C. $n+1$　　　　D. n

53. (　　)的遍历仍需要栈的支持。
　　A. 先序线索树　　B. 中序线索树　　C. 后序线索树

54. 二叉树在线索后,仍不能有效求解的问题是(　　)。
　　A. 先序线索二叉树中求先序后继　　B. 中序线索二叉树中求中序后继
　　C. 中序线索二叉树中求中序前驱　　D. 后序线索二叉树中求后序后继

55. 若 X 是后序线索二叉树中的叶子结点,且 X 存在左兄弟结点 Y,则 X 的右线索指
向的是(　　)。
　　A. X 的父结点　　　　　　　　　　B. 以 Y 为根的子树的最左下结点
　　C. X 的左兄弟结点 Y　　　　　　　D. 以 Y 为根的子树的最右下结点

56. 设森林 F 对应的二叉树为 B,它有 m 个结点,B 的根为 p,p 的右子树结点个数为 n,森林 F 中第一棵树的结点个数是(　　)。

  A. $m-n$　　　　　B. $m-n-1$　　　　C. $n+1$　　　　D. 无法确定

57. 在下列情况中,可称为二叉树的是(　　)。

  A. 每个结点至多有两棵子树的树　　　　　B. 哈夫曼树

  C. 每个结点至多有两棵子树的有序树　　D. 每个结点只有一棵右子树

58. 设 F 是一个森林,B 是由 F 变换得到的二叉树。若 F 中有 n 个非终端结点,则 B 中右指针域为空的结点有(　　)个。

  A. $n-1$　　　　　B. n　　　　　　C. $n+1$　　　　　D. $n+2$

59. 若森林 F 有 15 条边和 25 个结点,则 F 包含树的个数是(　　)。

  A. 8　　　　　　B. 9　　　　　　C. 10　　　　　D. 11

60. 由 3 个结点可以构造出(　　)种不同的有序树。

  A. 2　　　　　　B. 3　　　　　　C. 4　　　　　D. 5

61. 将森林 F 转换为对应的二叉树 T,F 中叶子结点的个数等于(　　)。

  A. T 中叶子结点的个数　　　　　　　B. T 中度为 1 的结点个数

  C. T 中左孩子指针为空的结点个数　　D. T 中右孩子指针为空的结点个数

62. 下述编码中哪一个不是前缀码?(　　)

  A. (00,01,10,11)　B. (0,1,00,11)　　C. (0,10,110,111)　D. (1,01,000,001)

63. 下面几个符号串编码集合中,不是前缀编码的是(　　)。

  A. {0,10,110,1111}　　　　　　　　B. {11,10,001,101,0001}

  C. {00,010,0110,1000}　　　　　　D. {b,c,aa,ac,aba,abb,abc}

64. 对 $n(n{\geqslant}2)$ 个权值均不同的字符构成哈夫曼树,关于该树的叙述错误的是(　　)。

  A. 该树一定是一棵完全二叉树

  B. 树中一定没有度为 1 的结点

  C. 树中两个权值最小的结点一定是兄弟结点

  D. 树中任意一个非叶结点的权值一定不小于下一层任一结点的权值

65. 对于前序遍历与中序遍历结果相同的二叉树为(　　);对于前序遍历和后序遍历结果相同的二叉树为(　　)。

  A. 一般二叉树　　　　　　　　　　　B. 只有根结点的二叉树

  C. 根结点无左孩子的二叉树　　　　　D. 根结点无右孩子的二叉树

  E. 所有结点只有左子数的二叉树　　　F. 所有结点只有右子树的二叉树

66. 设 n 和 m 为一棵二叉树的两个结点,在中序遍历时,n 在 m 前的条件是(　　)。

  A. n 在 m 右方　　B. n 是 m 的祖先　　C. n 在 m 左方　　D. n 是 m 的子孙

67. 二叉树的先序序列为 EFHIGJK,中序序列为 HFIEJKG,则该二叉树根的右子树的根是(　　)。

  A. E　　　　　　B. F　　　　　　C. G　　　　　D. H

68. 将森林转换为对应的二叉树,若在二叉树中,结点 u 是结点 v 的父结点的父结点,则在原来的森林中,u 和 v 可能具有的关系是(　　)。

  Ⅰ. 父子关系　　　Ⅱ. 兄弟关系　　　Ⅲ. u 的父结点与 v 的父结点是兄弟关系

  A. 只有Ⅰ　　　　B. Ⅰ和Ⅱ　　　　C. Ⅰ和Ⅲ　　　　D. Ⅰ Ⅱ Ⅲ

69. 若在一个森林中有 n 个结点,k 条边($n>k$),则该森林中必有(　　)棵树。

    A. k B. n C. $n-k$ D. 1

70. 对于二叉树的结点 X 和 Y,应该选择(　　)两个序列判断 X 是否为 Y 的祖先。

    A. 先序和后序   B. 先序和中序   C. 中序和后序   D. ABC 都行

二、填空题

1. 二叉树由_____,_____,_____三个基本单元组成。

2. 树在计算机内的表示方式有_____,_____,_____。

3. 在二叉树中,指针 p 所指结点为叶子结点的条件是_____。

4. 中缀式 $a+b\times3+4\times(c-d)$ 对应的前缀式为_____,若 $a=1,b=2,c=3,d=4$,则后缀式 $db/cc\times a-b\times+$ 的运算结果为_____。

5. 已知二叉树前序为 ABDEGCF,中序为 DBGEACF,则后序一定是_____。

6. 具有 256 个结点的完全二叉树的深度为_____。

7. 已知一棵度为 3 的树有 2 个度为 1 的结点,3 个度为 2 的结点,4 个度为 3 的结点,则该树有_____个叶子结点。

8. 深度为 k 的完全二叉树至少有_____个结点,至多有_____个结点。

9. 深度为 h 的完全二叉树至少有_____个结点;至多有_____个结点;h 和结点总数 n 之间的关系是_____。

10. 在顺序存储的二叉树中,编号为 i 和 j 的两个结点处在同一层的条件是_____。

11. 若一棵二叉树的前序序列为 abdecfhg,中序序列为 dbeahfcg,则该二叉树的根为_____,左子树中包含的结点有_____,右子树中包含的结点有_____。

12. 一棵有 n 个结点的满二叉树有_____个度为 1 的结点,有_____个分支(非终端)结点和_____个叶子,该满二叉树的深度为_____。

13. 假设根结点的层数为 1,具有 n 个结点的二叉树的最大高度是_____。

14. 在一棵二叉树中,度为零的结点的个数为 n_0,度为 2 的结点的个数为 n_2,则有 $n_0=$_____。

15. 设只含根结点的二叉树的高度为 0,则高度为 k 的二叉树的最大结点数为_____,最小结点数为_____。

16. 设有 n 个结点的完全二叉树顺序存放在向量 $A[1:n]$ 中,其下标值最大的分支结点为_____。

17. 高度为 8 的完全二叉树至少有_____个叶子结点。

18. 高度为 k 的完全二叉树至少有_____个叶子结点。

19. 已知二叉树有 50 个叶子结点,则该二叉树的总结点数至少为_____。

20. 一个有 2021 个结点的完全二叉树的高度为_____。

21. 设 F 是由 T1,T2,T3 三棵树组成的森林,与 F 对应的二叉树为 B,已知 T1,T2,T3 的结点数分别为 n_1,n_2,n_3,则二叉树 B 的左子树中有_____个结点,右子树中有_____个结点。

22. 一个深度为 k 的,具有最少结点数的完全二叉树按层次(同层次从左到右)用自然数依此对结点编号,则编号最小的叶子的序号是_____;编号是 i 的结点所在的层次号是_____(根所在的层次号规定为 1 层)。

23. 如某二叉树有 20 个叶子结点,有 30 个结点仅有一个孩子,则该二叉树的总结点数为_____。

24. 如果结点 A 有 3 个兄弟,而且 B 是 A 的双亲,则 B 的度是_____。

25. 具有 n 个结点的满二叉树,其叶结点的个数是_____。

26. 在完全二叉树中,结点个数为 n,则编号最大的分支结点的编号为_____。

27. 设一棵完全二叉树叶子结点数为 k,最后一层结点数 >2,则该二叉树的高度为_____。

28. 具有 n 个结点的二叉树,采用二叉链表存储,共有_____个空链域。

29. 对于一个具有 n 个结点的二元树,当它为一棵_____二元树时,具有最小高度;当它为一棵_____时,具有最大高度。

30. 一棵 8 层的完全二叉树至少有_____个结点,拥有 100 个结点的完全二叉树的最大层数为_____。

31. 含 4 个度为 2 的结点和 5 个叶子结点的二叉树,可有_____个度为 1 的结点。

32. 一棵树 T 中,包括一个度为 1 的结点,2 个度为 2 的结点,3 个度为 3 的结点,4 个度为 4 的结点和若干叶子结点,则 T 的叶结点数为_____。

33. $n(n>1)$ 个结点的各棵树中,其深度最小的那棵树的深度是_____。它共有_____个叶子结点和_____个非叶子结点,其中深度最大的那棵树的深度是_____,它共有_____个叶子结点和_____个非叶子结点。

34. 每一棵树都能唯一的转换为它所对应的二叉树。若已知一棵二叉树的前序序列是 BEFCGDH,对称序列是 FEBGCHD,则它的后序序列是_____。设上述二叉树是由某棵树转换而成的,则该树的先根次序序列是_____。

35. 先根次序遍历森林正好等同于按_____遍历对应的二叉树,后根次序遍历森林正好等同于按_____遍历对应的二叉树。

36. 线索二元树的左线索指向其_____,右线索指向其_____。

37. 二叉树的先序序列和中序序列相同的条件是_____。

38. 一棵左子树为空的二叉树在先序线索化后,其中的空链域的个数为_____。

39. 设一棵后序线索树的高是 50,结点 x 是树中的一个结点,其双亲是结点 y,y 的右子树高度是 31,x 是 y 的左孩子。则确定 x 的后继最多需经过_____中间结点(不含后继及 x 本身)。

40. 在一棵存储结构为三叉链表的二叉树中,若有一个结点是它的双亲的左孩子,且它的双亲有右孩子,则这个结点在后序遍历中的后继结点是_____。

41. 利用树的孩子兄弟表示法存储,可以将一棵树转换为_____。

42. 若一个二叉树的叶子结点是某子树的中序遍历序列中的最后一个结点,则它必是该子树的_____序列中的最后一个结点。

三、判断题

1. 二叉树是度为 2 的有序树。 ( )
2. 完全二叉树一定存在度为 1 的结点。 ( )
3. 对于有 n 个结点的二叉树,其高度为 $\log_2 n$。 ( )
4. 深度为 k 的二叉树中结点总数 $\leqslant 2^k - 1$。 ( )

5. 哈夫曼树是带权路径长度最短的树,路径上权值较大的结点离根较近。　　　　(　　)

6. 二叉树的遍历结果不是唯一的。　　　　(　　)

7. 二叉树的遍历只是为了在应用中找到一种线性次序。　　　　(　　)

8. 度为 2 的树就是二叉树。　　　　(　　)

9. 一个树的叶结点,在前序遍历和后序遍历下,皆以相同的相对位置出现。　　　　(　　)

10. 二叉树的前序遍历并不能唯一确定这棵树,但是,如果我们还知道该树的根结点是哪一个,则可以确定这棵二叉树。　　　　(　　)

11. 一棵一般树的结点的前序遍历和后序遍历分别与它相应二叉树的结点前序遍历和后序遍历是一致的。　　　　(　　)

12. 对一棵二叉树进行层次遍历时,应借助于一个栈。　　　　(　　)

13. 如果一棵二叉树的左、右子树都是完全二叉树,则该二叉树必定也是完全二叉树。
　　　　(　　)

14. 采用二叉链表做存储结构,树的前序遍历和其相应的二叉树的前序遍历的结果是一样的。　　　　(　　)

15. 深度为 k 具有 n 个结点的完全二叉树,其编号最小的结点序号为 $\lfloor 2^{k-2} \rfloor + 1$。
　　　　(　　)

16. 用中序遍历二叉链表存储的二叉树时,一般要用堆栈;中序遍历线索二叉树时,也必须使用堆栈。　　　　(　　)

17. 在中序线索二叉树中,每一非空的线索均指向其祖先结点。　　　　(　　)

18. 后序线索二叉树是不完善的,要对它进行遍历,还需要使用栈。　　　　(　　)

19. 任何二叉树的后序线索树进行后序遍历时都必须用栈。　　　　(　　)

20. 任何一棵二叉树都可以不用栈实现前序线索树的前序遍历。　　　　(　　)

21. 由一棵二叉树的前序序列和后序序列可以唯一确定它。　　　　(　　)

22. 在完全二叉树中,若一个结点没有左孩子,则它必是树叶。　　　　(　　)

23. 在二叉树中插入结点,则此二叉树便不再是二叉树了。　　　　(　　)

24. 一棵有 n 个结点的二叉树,从上到下,从左到右用自然数依次给予编号,则编号为 i 的结点的左儿子编号为 $2i(2i<n)$,右儿子是 $2i+1(2i+1<n)$。　　　　(　　)

25. 给定一棵树,可以找到唯一的一棵二叉树与之对应。　　　　(　　)

26. 一棵树中的叶子数一定等于与其对应的二叉树的叶子数。　　　　(　　)

27. 用二叉链表存储包含 n 个结点的二叉树,结点的 $2n$ 个指针区域中有 $n-1$ 个空指针。　　　　(　　)

28. 二叉树中每个结点至多有 2 个子结点,而对一般树则无此限制。因此,二叉树是树的特殊情形。　　　　(　　)

29. 树形结构中元素之间存在一个对多个的关系。　　　　(　　)

30. 在二叉树的第 $i(i \geqslant 1)$ 层上至少有 2^{i-1} 个结点。　　　　(　　)

31. 非空二叉树一定满足:某结点若有左孩子,则其中序前驱一定没有右孩子。　　(　　)

32. 完全二叉树的存储结构通常采用顺序存储结构。　　　　(　　)

33. 将一棵树转成二叉树,根结点没有左子树。　　　　(　　)

34. 线索二叉树的优点是便于在中序下查找前驱结点和后继结点。　　　　(　　)

35. 树与二叉树是两种不同的树形结构。　　　　(　　)

36．线索二叉树的优点是便于在中序下查找前驱结点和后继结点。　　　　（　　）

37．哈夫曼编码是一种能使字符串长度最短的等长前缀编码。　　　　　（　　）

38．当一棵具有 n 个叶子结点的二叉树的 WPL 值为最小时，称其树为 Huffman 树，且其二叉树的形状必是唯一的。　　　　　　　　　　　　　　　　　　　　　（　　）

39．哈夫曼树的结点个数不能是偶数。　　　　　　　　　　　　　　　　（　　）

40．一棵哈夫曼树的带权路径长度等于其中所有分支结点的权值之和。　（　　）

四、解答题

1．请分析线性表、树、广义表的主要结构特点，以及相互的差异与关联。

2．从概念上讲，树、森林和二叉树是三种不同的数据结构，将树、森林转化为二叉树的基本目的是什么？指出树和二叉树的区别与联系。

3．已知一棵度为 k 的树中，有 n_1 个度为 1 的结点，n_2 个度为 2 的结点……n_k 个度为 k 的结点，该树中有多少个叶子结点？

4．深度为 6 的完全二叉树的第 6 层有 3 个叶子结点，该二叉树一共有多少个结点？

5．已知某完全二叉树有 50 个叶子结点，该完全二叉树的总结点数至少是多少？

6．证明：一棵二叉树中度为 1 的结点数为 0，则二叉树的分支数为 $2(n_0-1)$，其中 n_0 是度为 0 的结点的个数。

7．已知完全二叉树的第 7 层有 10 个叶子结点，那么整个二叉树的结点数最多是多少？

8．任意一个有 n 个结点的二叉树，已知它有 m 个叶子结点，试证明：非叶子结点有（m -1）个度为 2，其余度为 1。

9．已知 $A[1..n]$ 是一棵顺序存储的完全二叉树，如何求出 $A[i]$ 和 $A[j]$ 的最近的共同祖先？

10．给定 $k(k\geqslant1)$，对一棵含有 $n(n>0)$ 个结点的 k 叉树，请讨论其可能的最大高度和最小高度。

11．已知一棵满二叉树的结点个数为 20～40 之间的素数，求此二叉树的叶子结点个数。

12．一棵共有 n 个结点的树，其中所有分支结点的度均为 k，求该树中叶子结点的个数。

13．如果在内存中存放一棵完全二叉树，在该二叉树上只进行下面两个操作：

(1) 寻找某个结点双亲；(2) 寻找某个结点的儿子。

问应该用何种结构来存储该二叉树。

14．求含有 n 个结点且采用顺序存储结构的完全二叉树中的序号最小的叶子结点的下标。要求写出简要步骤。

15．假设高度为 h 的二叉树上只有度为 0 和度为 2 的结点，此类二叉树中的结点数可能达到的最大值和最小值各为多少？

16．设有一棵算术表达式二叉树，用什么方法可以对该树所表示的表达式求值？

17．请将算术表达式((a + b) + c×(d + e) + f)×(g + h)转化为二叉树。

18．(1) 试分别找出满足下列条件的二叉树：

① 先序序列与后序序列相同；② 中序序列与后序序列相同；

③ 先序序列与中序序列相同；④ 中序序列与层次遍历序列相同。

(2) 已知一棵二叉树的后序序列为 EICBGAHDF,中序序列为 CEIFGBADH,试画出该二叉树。

19. 请将下列由三棵树组成的森林转换为二叉树。

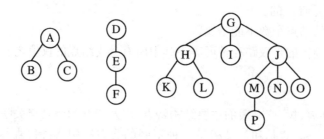

20. 设一棵二叉树的先序遍历序列为 ABDFCEGH,中序遍历序列为 BFDAGEHC。

(1) 画出这棵二叉树;

(2) 画出这棵二叉树的后序线索二叉树;

(3) 将这棵二叉树转换成对应的树(或森林)。

21. 一棵非空的二叉树其先序序列和后序序列正好相反,画出这棵二叉树的形状。

22. 一棵二叉树的先序、中序、后序序列如下,其中一部分未标出,请构造出该二叉树。

先序序列:_ _ C D E _ G H I _ K

中序序列:C B _ _ F A _ J K I G

后序序列:_ E F D B _ J I H _ A

23. 试说明为什么在二叉树的三种遍历序列中,所有叶子结点间的先后关系都是相同的。

24. 表 6.2 中 M、N 分别是一棵二叉树中的两个结点,表中行号 $i=1,2,3,4$ 分别表示 4 种 M、N 的相对关系,列号 $j=1,2,3$ 分别表示在前序、中序、后序遍历中 M 和 N 之间的先后次序关系。要求在 i,j 所表示的关系能够发生的方格内打上对号。例如:如果你认为 n 是 m 的祖先,并且在中序遍历中 n 能比 m 先被访问,则在(3,2)格内打"√"。

表6.2　二叉树的三种遍历

	先根遍历时 n 先被访问	中根遍历时 n 先被访问	后根遍历时 n 先被访问
N 在 M 的左边			
N 在 M 的右边			
N 是 M 的祖先			
N 是 M 的子孙			

25. 设二叉树 BT 的存储结构如下:

	1	2	3	4	5	6	7	8	9	10
Lchild	0	0	2	3	7	5	8	0	10	1
data	J	H	F	D	B	A	C	E	G	I
Rchild	0	0	0	9	4	0	0	0	0	0

其中 BT 为树根结点的指针,其值为 6,Lchild 和 Rchild 分别为结点的左、右孩子指针域,data 为结点的数据域。试完成下列各题:

(1) 画出二叉树 BT 的逻辑结构；

(2) 写出按前序、中序、后序遍历该二叉树所得到的结点序列；

(3) 画出二叉树的后序线索二叉树。

26. 对下面所示的森林，回答下列问题：

(1) 画出经转换后所对应的森林；

(2) 写出对该二叉树进行先序、中序和后序遍历时得到的序列；

(3) 画出该二叉树对应的前序线索二叉树和后序线索二叉树。

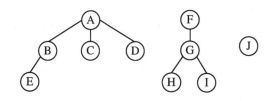

27. 如果一棵非空 $k(k \geqslant 2)$ 叉树 T 中每个非叶子结点都有 k 个孩子，则称 T 为正则后 k 树。请回答下列问题并给出推导过程。

(1) 若 T 有 m 个非叶子结点，则 T 中的叶子结点有多少个？

(2) 若 T 的高度为 h（单结点的树 $h = 1$），则 T 的结点数最多为多少个？最少为多少个？

28. 设 T 是一棵二叉树，除叶子结点外，其他结点的度数皆为 2，若 T 中有 6 个叶结点，试问：

(1) T 树的最大深度 $K_{max} = $ _____；最小可能深度 $K_{min} = $ _____；

(2) T 树中共有多少非叶结点？

(3) 若叶子结点的权值分别为 1，2，3，4，5，6。请构造一棵哈曼夫树，并计算该哈曼夫树的带权路径长度 WPL。

29. 假设用于通信的电文仅由 8 个字母组成，字母在电文中出现的频率分别为 0.07、0.19、0.02、0.06、0.32、0.03、0.21 和 0.10。

(1) 试为这 8 个字母设计哈夫曼编码；

(2) 试设计另一种由二进制表示的等长编码方案；

(3) 对于上述实例，比较两种方案的优缺点。

30. 已知某字符串中共有 6 种字符 a、b、c、d、e、f，各种字符出现的次数分别为 5 次、1 次、3 次、4 次、2 次、7 次，对该字符串用 0 和 1 进行前缀编码。请完成以下问题：

(1) 设计该字符串中各字符的编码，使该字符串的总长度最小；

(2) 计算该字符串的编码至少有多少位。

五、算法设计题

1. 假设二叉树采用二叉链表存储结构，设计算法，求二叉树 t 中叶子结点的个数。

2. 假设二叉树采用二叉链表存储结构，设计算法，复制二叉树 t。

3. 编写算法，在一棵以二叉链表存储的二叉树 t 中求先序序列中的第 k 个位置。

4. 假设一棵二叉树 b 按后序遍历时输出的结点顺序为 $a_1, a_2, \cdots, a_{n-1}, a_n$。编写算法，输出后序序列的逆序，即 $a_n, a_{n-1}, \cdots, a_2, a_1$。

5. 编写算法,按照缩进形式打印二叉树 b。

6. 编写算法,求二叉树 b 的最长和最短分支上的结点个数。

7. 设计二叉树的双序遍历算法(双序遍历是指对于二叉树的每个结点来说,先访问这个结点,再按双序遍历它的左子树,然后再一次访问这个结点,接下来按双序遍历它的右子树)。

8. 设计算法,将二叉树的叶子结点按从左到右的顺序连成一个单链表,表头指针为 head。二叉树采用二叉链表存储结构,链接时用叶子结点的右指针域来存放单链表指针,并对所设计的算法分析时间复杂度。

9. 用按层次顺序遍历二叉树的方法,统计其中度为 1 的结点个数。

10. 编写算法,判断二叉树是否为完全二叉树。

11. 设计算法,求二叉树的最大宽度(二叉树的最大宽度是指二叉树所有层中结点个数的最大值)。

12. 有 n 个结点的二叉树,已经顺序存储在一维数组 tree[$1..n$]中,编写算法实现由 tree 中顺序存储的二叉树构造其对应的二叉链表存储结构。

13. 二叉树的带权路径长度 WPL 是二叉树中所有叶子结点的带权路径长度之和。给定一棵二叉树 T,采用二叉链表存储,结点结构为(left, weight, right),其中叶子结点的 weight 域保存该结点的非负权值。设 root 为指向 T 的根结点的指针,请设计求 T 的 WPL 的算法。要求:

(1) 给出算法的基本设计思想;

(2) 使用 C 或 C++语言,给出二叉树结点的数据类型定义;

(3) 根据设计思想,采用 C 或 C++语言描述算法,关键之处给出注释。

第 7 章　图

实训项目

基础实训 1　图的邻接矩阵/邻接表存储结构的建立与相互转换

1. 实验目的

(1) 理解并掌握图的邻接矩阵和邻接表存储结构；

(2) 掌握图的基本运算算法；

(3) 编程实现图的各种基本操作。

2. 实验内容

设计图 7.1 所示的带权有向图的邻接矩阵与邻接表的创建、输出和销毁等基本运算算法，编程实现如下功能：

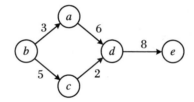

图 7.1　带权有向图

(1) 输入图的基本信息(包括顶点个数、顶点名称、边数、边长等)，建立图的邻接矩阵/邻接表，并输出；

(2) 将图的邻接矩阵转换成邻接表，并输出；

(3) 将图的邻接表转换成邻接矩阵，并输出；

(4) 销毁图的邻接矩阵/邻接表。

3. 程序实现

完整代码如下：

```
#include <stdio.h>
#include <malloc.h>
#include <string.h>
#define MAXV 100
#define INF 32767
//===================邻接矩阵===================
typedef char InfoType[4];
typedef struct
```

```
{    int no;                            /*顶点的编号*/
     InfoType info;                     /*顶点的名称*/
}VertexType;                            /*顶点的类型*/
typedef struct
{    int edges[MAXV][MAXV];             /*邻接矩阵数组*/
     int n, e;                          /*顶点数,边数*/
     VertexType vexs[MAXV];             /*存放顶点信息*/
}MatGraph;/*图的邻接矩阵类型*/
//===============邻接表=========================
typedef struct ANode
{    int adjvex;                        /*该边的邻接点的存储位置编号*/
     int info;                          /*该边的相关信息,这里用 int 型表示权值*/
     struct ANode * nextarc;            /*指向下一条边的指针*/
}ArcNode;                               /*边结点的类型*/
typedef struct VNode
{    InfoType data;                     /*顶点的其他信息*/
     ArcNode * firstarc;                /*指向第一个边结点*/
}VNode;                                 /*邻接表的头结点类型*/
typedef struct
{    VNode adjlist[MAXV];               /*邻接表的头结点数组*/
     int n, e;                          /*图中的顶点数 n 和边数 e*/
}AdjGraph;                              /*图邻接表类型*/
//================================================
int LocateVertex(MatGraph * g, InfoType v)
{    /*按顶点名称确定其在邻接矩阵中的存储位置*/
     int i;
     for (i=0; i<g->n; i++)
          if(strcmp(g->vexs[i].info,v)==0)
               return i;
     return -1;
}
void CreateMat(MatGraph *& g, int n, int e)           /*创建邻接矩阵 g*/
{    int i, j, k, w;
     InfoType v1, v2;
     g=(MatGraph * )malloc(sizeof(MatGraph));
     g->n=n;   g->e=e;                               /*确定顶点个数和边数*/
     printf("请输入%d 个顶点的名称(以空格分隔)\n",n);
     for (i=0; i<n; i++)
          scanf("%s",g->vexs[i].info);               /*读入顶点信息*/
     for (i=0; i<n; i++)                             /*初始化 edges 数组*/
          for (j=0; j<n; j++)
          {    if(i==j)
                    g->edges[i][j]=0;                /*edges 数组的对角线元素为 0*/
               else
```

```
                g->edges[i][j]=INF;              /* 其余位置元素初始置为∞ */
        }
    printf("请输入%d 条边的起点、终点、权值(以空格分隔):\n",e);
    for (k=0; k<e; k++)
    {   scanf("%s%s%d",v1,v2,&w);               /* 读入一条边的信息 */
        i=LocateVertex(g,v1);
        j=LocateVertex(g,v2);
        g->edges[i][j]=w;
    }
}
void DispMat(MatGraph *g)                       /* 输出邻接矩阵 g */
{   int i, j;
    printf("\t   ");
    for (i=0; i<g->n; i++)                       /* 输出各顶点的名称 */
        printf("%4s ",g->vexs[i].info);
    printf("\n\t- - - - - - - - - - - - - - - - - - - - - -\n");
    for (i=0; i<g->n; i++)                       /* 输出邻接矩阵内容 */
    {   printf("\t%s|",g->vexs[i].info);         /* 每一行先输出顶点名称 */
        for (j=0; j<g->n; j++)
            if (g->edges[i][j]==INF)
                printf("%5s","∞");
            else
                printf("%5d",g->edges[i][j]);
        printf("\n");
    }
}
void DestroyMat(MatGraph *&g)                    /* 销毁邻接矩阵 g */
{
    free(g);
}
void MatToList(MatGraph *g, AdjGraph *&G)        /* 将邻接矩阵 g 转换成邻接表 G */
{   int i, j;
    ArcNode *p;
    G=(AdjGraph *)malloc(sizeof(AdjGraph));
    G->n=g->n;   G->e=g->e;
    for (i=0; i<g->n; i++)
    {
        strcpy(G->adjlist[i].data,g->vexs[i].info);  /* 复制邻接矩阵中每个顶点的名称 */
        G->adjlist[i].firstarc=NULL;            /* 将邻接表中所有头结点的指针域置初值 */
    }
    for (i=0; i<g->n; i++)                       /* 检查邻接矩阵中每个元素 */
        for (j=g->n-1; j>=0; j--)
            if (g->edges[i][j]!=0 && g->edges[i][j]!=INF)   /* 存在一条边 */
            {
```

```
                p=(ArcNode *)malloc(sizeof(ArcNode));        /*创建一个边结点 p*/
                p->adjvex=j;   p->info=g->edges[i][j];
                p->nextarc=G->adjlist[i].firstarc;            /*将 p 结点头插到链表上*/
                G->adjlist[i].firstarc=p;
            }
    }
    void ListToMat(AdjGraph * G,MatGraph *& g)          /*将邻接表 G 转换成邻接矩阵 g*/
    {   int i,j;
        ArcNode *p;
        g=(MatGraph *)malloc(sizeof(MatGraph));
        g->n=G->n;   g->e=G->e;                          /*确定顶点个数和边数*/
        for (i=0; i<g->n; i++)                            /*初始化 edges 数组*/
            for (j=0; j<g->n; j++)
            {   if(i==j)
                    g->edges[i][j]=0;                      /*edges 数组的对角线元素为 0*/
                else
                    g->edges[i][j]=INF;                    /*其余位置元素初始置为 ∞*/
            }
        for (i=0; i<G->n; i++)                            /*扫描所有的单链表*/
        {   strcpy(g->vexs[i].info,G->adjlist[i].data);  /*复制邻接表中每个顶点的名称*/
            p=G->adjlist[i].firstarc;                     /*p 指向第 i 个单链表的第一个边结点*/
            while (p!=NULL)                               /*扫描第 i 个单链表*/
            {   g->edges[i][p->adjvex]=p->info;
                p=p->nextarc;
            }
        }
    }
    void DispAdj(AdjGraph * G)                           /*输出邻接表 G*/
    {

        int i;
        ArcNode *p;
        for (i=0; i<G->n; i++)
        {
            p=G->adjlist[i].firstarc;
            printf("\t%d: %s",i,G->adjlist[i].data);     /*每一行先输出顶点编号和名称*/
            while (p!=NULL)
            {
                printf(" →%2d[%2d]",p->adjvex,p->info);
                p=p->nextarc;
            }
            printf("∧\n");
        }
    }
```

```
int main()
{   int n, e;
    MatGraph *g, *Gg;   AdjGraph *G;
    printf("请输入顶点个数 n = ");   scanf("%d",&n);
    printf("请输入边的条数 e = ");   scanf("%d",& e);
    CreateMat(g,n,e);
    printf("图的邻接矩阵为:\n");
    DispMat(g);
    printf("\n");
    printf("将图的邻接矩阵转换为邻接表:\n");
    MatToList(g,G);
    DispAdj(G);
    printf("将图的邻接表转换为邻接矩阵:\n");
    ListToMat(G,Gg);
    DispMat(Gg);
    //printf("销毁图 G 的邻接矩阵\n");
    //DestroyMat(g);
    return 0;
}
```

4. 运行结果

运行结果如图 7.2 所示。

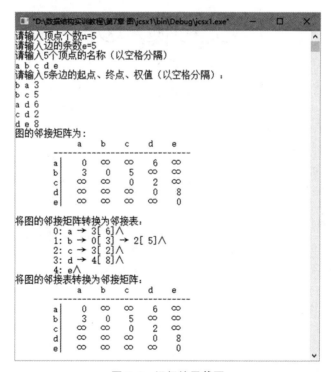

图 7.2　运行结果截图

基础实训 2　图的遍历

1．实验目的

(1) 理解并掌握图的深度优先搜索和广度优先搜索规则；

(2) 编程实现对一个邻接表表示的图的深度优先和广度搜索遍历。

2．实验内容

(1) 编写图的基本运算函数：

① void CreateAdj(AdjGraph ＊& G，int n，int e)：创建图的邻接表；

② int LocateVertex(AdjGraph ＊ G，VertexType v)：按顶点名称确定其在邻接表数组中的存储位置；

③ void DispAdj(AdjGraph ＊ G)：输出邻接表 G；

④ void DestroyAdj(AdjGraph ＊& G)：销毁图的邻接表；

⑤ void DFS(AdjGraph ＊ G，int v)：以 v 为起始顶点的深度优先搜索遍历；

⑥ void BFS(AdjGraph ＊ G，int v)：以 v 为起始顶点的广度优先搜索遍历。

(2) 编写一个主程序，调用上述函数，对图 7.3 所示的无向图建立邻接表存储结构，并分别对其进行深度优先搜索遍历和广度优先搜索遍历，输出对应的遍历序列。

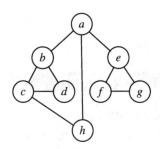

图 7.3　无向图

3．程序实现

完整代码如下：

```c
#include <stdio.h>
#include <malloc.h>
#include <string.h>
#define INF 32767            /＊定义∞＊/
#define MAXV 100             /＊最大顶点个数＊/
#define MaxSize 20           /＊最大队列元素个数＊/
typedef char VertexType[4];
typedef int ElemType;
typedef struct
{
    ElemType data[MaxSize];
    int front，rear;          /＊队首和队尾指针＊/
}SqQueue;
typedef struct ANode
```

```
{    int adjvex;                          /* 该边的邻接点的存储位置编号 */
     int info;                            /* 该边的相关信息,这里用 int 型表示权值 */
     struct ANode * nextarc;              /* 指向下一条边的指针 */
}ArcNode;                                 /* 边结点的类型 */
typedef struct VNode
{    VertexType data;                     /* 顶点的其他信息 */
     ArcNode * firstarc;                  /* 指向第一个边结点 */
}VNode;                                   /* 邻接表的头结点类型 */
typedef struct
{    VNode adjlist[MAXV];                 /* 邻接表的头结点数组 */
     int n, e;                           /* 图中的顶点数 n 和边数 e */
}AdjGraph;                                /* 图邻接表类型 */
int LocateVertex(AdjGraph * G，VertexType v)
{    /* 按顶点名称确定其在邻接表数组中的存储位置 */
     int i;
     for (i=0; i<G->n; i++)
         if(strcmp(G->adjlist[i].data,v)==0)
             return i;
     return -1;
}
void CreateAdj(AdjGraph * &G,int n,int e)            /* 创建图的邻接表 */
{
     int i, j, k, w;
     VertexType v1, v2;
     ArcNode * p;
     G=(AdjGraph * )malloc(sizeof(AdjGraph));
     G->n=n; G->e=e;                                /* 确定顶点个数和边数 */
     printf("请输入%d 个顶点的名称(以空格分隔)\n",n);
     for (i=0; i<n; i++)
     {
         scanf("%s",G->adjlist[i].data);            /* 读入顶点信息 */
         G->adjlist[i].firstarc=NULL;               /* 所有头结点的指针域置初值 NULL */
     }
     printf("请输入%d 条边的起点、终点、权值(以空格分隔):\n",e);
     for (k=0; k<e; k++)
     {    scanf("%s%s%d",v1,v2,&w);                 /* 读入一条边的信息 */
         i=LocateVertex(G,v1);    j=LocateVertex(G,v2);
         p=(ArcNode * )malloc(sizeof(ArcNode));     /* 创建一个结点 p */
         p->adjvex=j;    p->info=w;
         p->nextarc=G->adjlist[i].firstarc;         /* 采用头插法插入结点 p */
         G->adjlist[i].firstarc=p;
         /* 无向图 */
         p=(ArcNode * )malloc(sizeof(ArcNode));     /* 创建一个结点 p */
         p->adjvex=i;    p->info=w;
```

```
        p->nextarc=G->adjlist[j].firstarc;              /*采用头插法插入结点 p*/
        G->adjlist[j].firstarc=p;
    }
}
void DispAdj(AdjGraph *G)                                /*输出邻接表 G*/
{
    int i;
    ArcNode *p;
    for (i=0; i<G->n; i++)
    {
        p=G->adjlist[i].firstarc;
        printf("\t%d: %s",i,G->adjlist[i].data);         /*每一行先输出顶点编号和名称*/
        while (p!=NULL)
        {
            printf(" →%2d[%2d]",p->adjvex,p->info);
            p=p->nextarc;
        }
        printf("∧\n");
    }
}
void DestroyAdj(AdjGraph *&G)                            /*销毁图的邻接表*/
{   int i;
    ArcNode *pre, *p;
    for (i=0; i<G->n; i++)                               /*扫描所有的单链表*/
    {   pre=G->adjlist[i].firstarc;                      /*p指向第 i 个单链表的第一个边结点*/
        if (pre!=NULL)
        {   p=pre->nextarc;
            while (p!=NULL)                              /*释放第 i 个单链表的所有边结点*/
            {   free(pre);
                pre=p; p=p->nextarc;
            }
            free(pre);
        }
    }
    free(G);                                             /*释放头结点数组*/
}
int visited[MAXV]={0};                                   /*定义顶点访问标记数组*/
void DFS(AdjGraph *G, int v)
{   ArcNode *p;
    int w;
    visited[v]=1;                                        /*置已访问标记*/
    printf("%s ",G->adjlist[v].data);                    /*输出被访问顶点的名称*/
    p=G->adjlist[v].firstarc;                            /*p指向顶点 v 的第一个邻接点*/
    while (p!=NULL)
```

```
    {   w = p - >adjvex;
        if (visited[w] = = 0)                      /*若顶点 w 未被访问,递归访问它*/
            DFS(G,w);
        p = p - >nextarc;                          /* p 指向顶点 v 的下一个邻接点*/
    }
}
void InitQueue(SqQueue  * & q)
{
    q = (SqQueue  * )malloc (sizeof(SqQueue));
    q - >front = q - >rear = 0;
}
void DestroyQueue(SqQueue  * & q)
{
    free(q);
}
intQueueEmpty(SqQueue  * q)
{
    return(q - >front = = q - >rear);
}
int enQueue(SqQueue  * & q, ElemType e)
{
    if ((q - >rear + 1)%MaxSize = = q - >front)     /*队满*/
        return 0;
    q - >rear = (q - >rear + 1)%MaxSize;
    q - >data[q - >rear] = e;
return 1;
}
int deQueue(SqQueue  * & q, ElemType & e)
{
    if (q - >front = = q - >rear)                    /*队空*/
        return 0;
    q - >front = (q - >front + 1)%MaxSize;
    e = q - >data[q - >front];
    return 1;
}
void BFS(AdjGraph  * G, int v)
{
    int w, i;
    ArcNode  * p;
    int visited[MAXV] = {0};                        /*定义顶点访问标记数组*/
    SqQueue  * qu;                                  /*定义环形队列指针*/
    InitQueue(qu);                                  /*初始化队列*/
    printf("%s ",G - >adjlist[v].data);             /*输出被访问顶点的名称*/
```

```
        visited[v]=1;                                /* 置已访问标记 */
        enQueue(qu,v);
        while(! QueueEmpty(qu))                       /* 队不空循环 */
        {
            deQueue(qu, w);                          /* 出队一个顶点 w */
            p=G->adjlist[w].firstarc;                /* 指向 w 的第一个邻接点 */
            while (p!=NULL)                          /* 查找 w 的所有邻接点 */
            {   i=p->adjvex;
                if (visited[i]==0)                   /* 若当前邻接点未被访问 */
                {
                    printf("%s ",G->adjlist[i].data); /* 访问该邻接点 */
                    visited[i]=1;                    /* 置已访问标记 */
                    enQueue(qu,i);                   /* 该顶点进队 */
                }
                p=p->nextarc;                        /* 找下一个邻接点 */
            }
        }
        DestroyQueue(qu);
        printf("\n");
}
int main()
{   int n, e, i;
    AdjGraph * g;
    VertexType v;
    printf("请输入顶点个数 n= ");    scanf("%d",& n);
    printf("请输入边的条数 e= ");    scanf("%d",& e);
    CreateAdj(g,n,e);
    printf("图 G 的邻接表为:\n");
    DispAdj(g);
    printf("请输入遍历的起始顶点名称:");
    scanf("%s",v);
    i=LocateVertex(g,v);         /* 按顶点名称确定其在邻接表数组中的存储位置 */
    printf("DFS 遍历序列为:");
    DFS(g,i);
    printf("\nBFS 遍历序列为:");
    BFS(g,i);
    printf("\n");
    printf("销毁图 G 的邻接表\n");
    DestroyAdj(g);
    return 0;
}
```

4．运行结果

运行结果如图 7.4 所示。

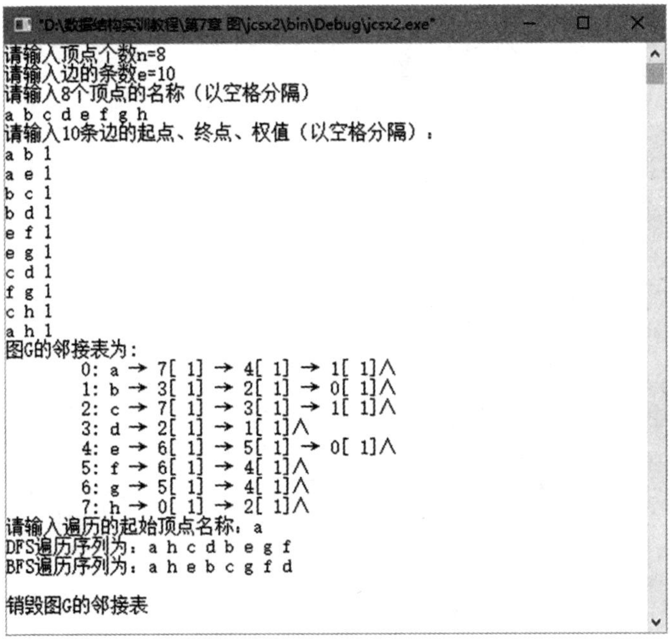

图 7.4　运行结果截图

拓展实训 1　地铁建设问题

1．问题描述

某城市要在各个辖区之间修建地铁来缓解地面交通压力和促进经济发展。但由于修建地铁的费用昂贵,因此需要合理安排地铁的建设线路,使乘客能够沿地铁到达各个辖区,并使总的建设费用最小。

编程实现上述地铁建设问题,具体要求如下:

(1) 从地图文件中读入辖区名称和各辖区之间的直接距离;

(2) 根据读入的辖区信息,计算出应该建设哪些辖区之间的地铁线路;

(3) 输出应建设的地铁线路及所需建设的总里程信息。

提示:根据问题描述,将各辖区以及它们之间的距离抽象为一个带权无向图(这里对其采用邻接矩阵存储结构),需要求解的地铁建设方案即为这个带权无向图的最小生成树。

本设计以北京市的一些辖区为测试用例(各辖区之间的距离如图 7.5 所示),利用普利姆(Prim)算法实现最小生成树的求解。地图文件 subway.txt 的内容如图 7.6 所示,其中,包含 11 个辖区和 16 条线路的基本信息。

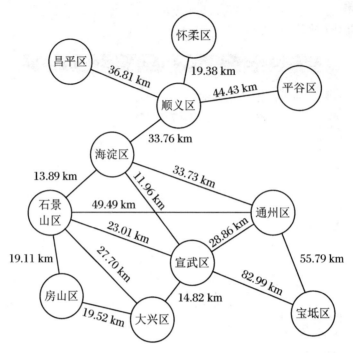

图 7.5　北京市各区距离图

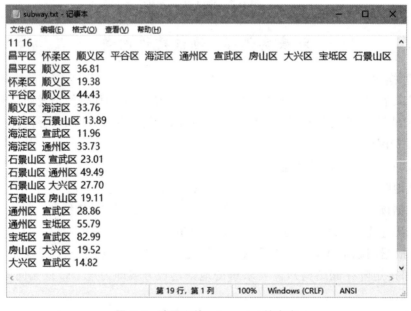

图 7.6　地图文件 subway.txt 的内容

2. 运行结果示例

运行结果如图 7.7 所示。

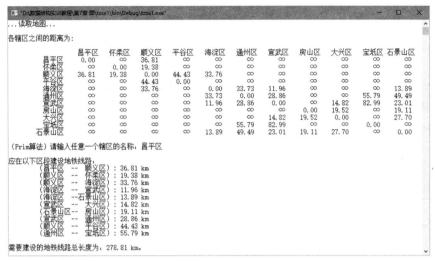

图 7.7　地铁建设问题运行结果示例

拓展实训 2　校园导航

1. 问题描述

当我们参观某个校园时,就会遇到这样一个问题:从当前所处位置出发去校园的另外某一个位置,要走什么样的路线距离最短(或最省时)?

为解决这个问题,可以设计一个校园导航系统,在给出校园各主要建筑的名称及有路线连通的建筑之间距离(或行进时间)的基础上,计算出从给定起点到终点之间的距离最近(或行进时间最短)的路线。

提示:将从地图文件 schoolmap. txt(图 7.8)中读取到的 15 个校园建筑的名称及 23 条路线和距离(或行进时间)抽象为一个带权有向图(图 7.9),并对其采用邻接矩阵存储结构。该问题的本质是在带权有向图中求解从给定顶点到其余任意一个顶点的最短路径,这里采用迪杰斯特拉(Dijkstra)算法来实现。

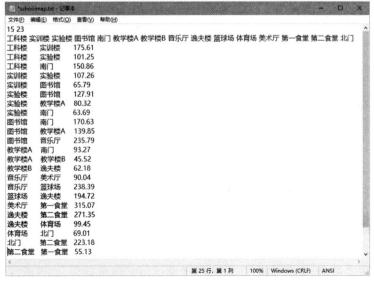

图 7.8　地图文件 schoolmap. txt 的内容

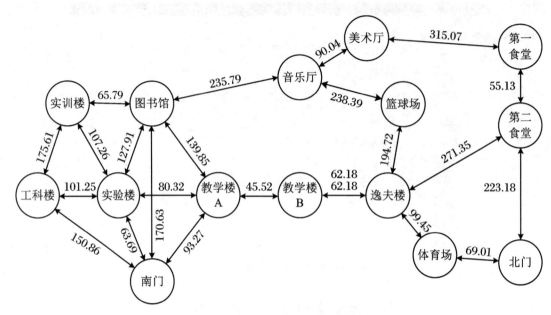

图 7.9 校园主要建筑地图

2. 运行结果示例

运行结果如图 7.10 所示。

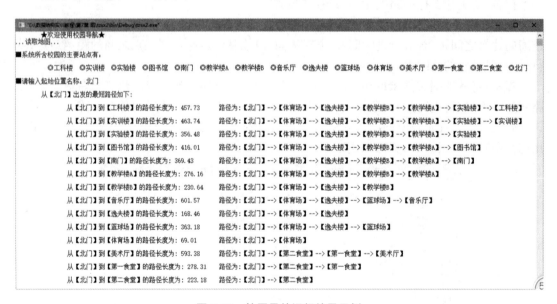

图 7.10 校园导航运行结果示例

拓展实训 3 教学计划安排

1. 问题描述

在教学计划中,每个专业每学期开设的课程都是有先后顺序的,如:计算机专业在开设"数据结构"课程之前,必须先开设"C 语言程序设计"和"离散数学"。这种课程开设的先后顺序关系称为先行—后继关系。现在需要根据给定的课程信息以及课程之间的先行—后继关系,合理安排各门课程的开设顺序。

具体要求:

(1) 读取文件中包含的课程信息(如课程门数、课程名称等)和课程的先行—后继关系。

(2) 根据课程的先行—后继关系,对教学计划进行安排,给出一种可行的课程安排方案。

(3) 如果给定的课程先行—后继关系存在逻辑错误(即存在回路),应给出相应的错误提示信息。

提示:将从课程文件 courses. txt 中读取到的课程信息和课程的先行—后继关系(图 7.11)抽象为一个有向图(图 7.12),并对其采用邻接表存储结构。该问题的本质是对有向图进行拓扑排序,求出一种拓扑序列,这个序列就是一种可行的教学计划安排方案。

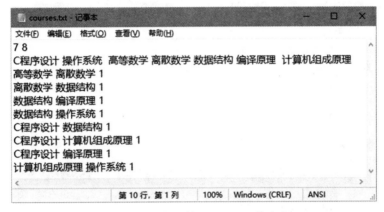

图 7.11　课程文件 courses. txt 的内容

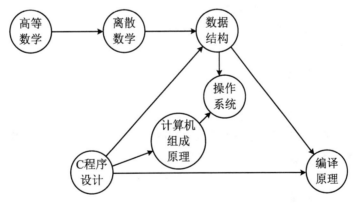

图 7.12　课程的先行—后继关系图

2. 运行结果示例

运行结果如图 7.13 所示。

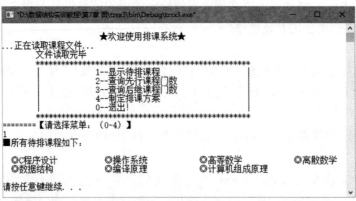

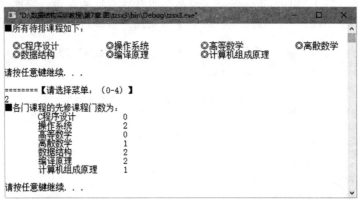

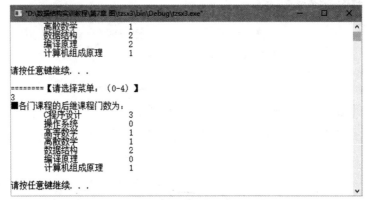

图 7.13 　教学计划安排运行结果示例

 典型习题

一、选择题

1. 所谓简单路径是指除了起点和终点以外（ ）。
   A. 任何一条边在这条路径上不重复出现
   B. 任何一个顶点在这条路径上不重复出现
   C. 这条路径由一个顶点序列构成，不包含边
   D. 这条路径由边序列构成，不包含顶点

2. 带权有向图 G 用邻接矩阵 A 存储，则顶点 i 的入度等于 A 中（ ）。
   A. 第 i 行非 ∞ 的元素之和
   B. 第 i 列非 ∞ 的元素之和
   C. 第 i 行非 ∞ 且非 0 的元素个数
   D. 第 i 列非 ∞ 且非 0 的元素个数

3. 无向图的邻接矩阵是一个（ ）。
   A. 对称矩阵   B. 零矩阵   C. 上三角矩阵   D. 对角矩阵

4. 在一个无向图中，所有顶点的度之和等于边数的（ ）倍。
   A. 1/2   B. 1   C. 2   D. 4

5. 一个有 n 个顶点的无向图最多有（ ）条边。
   A. n B. $n(n-1)$ C. $n(n-1)/2$ D. $2n$

6. 具有 6 个顶点的无向图至少应有（ ）条边才可能是一个连通图。
   A. 5   B. 6   C. 7   D. 8

7. 若无向图 $G=(V,E)$ 中含 7 个顶点，则保证图 G 在任何情况下都是连通的，则需要的边数最少是（ ）。
   A. 6   B. 15   C. 16   D. 21

8. 设 G 是一个非连通无向图，有 15 条边，则该图至少有（ ）个顶点。
   A. 5   B. 6   C. 7   D. 8

9. 设图 G 是一个含有 $n(n>1)$ 个顶点的连通图，其中任意一条简单路径的长度不会超过（ ）。
   A. 1   B. n C. $n(n-1)$ D. $n/2$

10. 下列关于无向连通图特征的叙述正确的是（ ）。
    Ⅰ. 所有顶点的度之和为偶数
    Ⅱ. 边数大于顶点个数减 1
    Ⅲ. 至少有一个顶点的度为 1
    A. 只有 Ⅰ   B. 只有 Ⅱ   C. Ⅰ和Ⅱ   D. Ⅰ和Ⅲ

11. 在下图所示的有向图中存在一个强连通分量 $G=(V,E)$，其中（ ）。

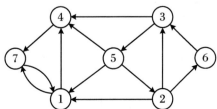

A. $V = \{2,3,5,6\}, E = \{\langle 5,2 \rangle, \langle 2,3 \rangle, \langle 2,6 \rangle, \langle 6,3 \rangle, \langle 3,5 \rangle\}$

B. $V = \{2,3,5,6\}, E = \{\langle 5,2 \rangle, \langle 2,6 \rangle, \langle 6,3 \rangle, \langle 3,5 \rangle\}$

C. $V = \{2,3,5\}, E = \{\langle 2,3 \rangle, \langle 3,5 \rangle, \langle 5,2 \rangle\}$

D. $V = \{1,7\}, E = \{\langle 1,7 \rangle, \langle 7,1 \rangle\}$

12. 下列(　　　)的邻接矩阵是对称矩阵。

    A. 有向图　　　　　　B. 无向图　　　　　　C. AOV 网　　　　　　D. AOE 网

13. 若图的邻接矩阵中主对角线上的元素全是0,其余元素全是1,则可以断定该图一定是(　　　)。

    A. 无向图　　　　　　B. 不带权图　　　　　C. 有向图　　　　　　D. 完全图

14. 一个有向图 G 的邻接表存储如下图所示,现按深度优先搜索遍历,从顶点 0 出发,所得到的顶点序列(　　　)。

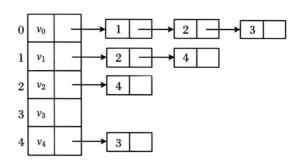

    A. 0,1,2,3,4　　　B. 0,1,2,4,3　　　C. 0,1,3,4,2　　　D. 0,1,4,2,3

15. 对于下图所示的无向图,从顶点 1 开始进行深度优先遍历,可得到顶点访问序列是(　　　)。

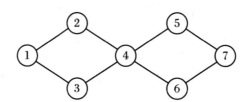

    A. 1 2 4 3 5 7 6　　　　　　　　　　B. 1 2 4 3 5 6 7

    C. 1 2 4 5 6 3 7　　　　　　　　　　D. 1 2 3 4 5 7 6

16. 图的 BFS 生成树的树高比 DFS 生成树的树高(　　　)。

    A. 小　　　　　　　　B. 相等　　　　　　　C. 小或者相等　　　　D. 大或者相等

17. 如果从无向图的任一顶点出发进行一次深度优先遍历即可访问所有顶点,则该图一定是(　　　)。

    A. 完全图　　　　　　B. 连通图　　　　　　C. 有回路　　　　　　D. 一棵树

18. 图的深度优先遍历算法类似于二叉树的(　　　)算法。

    A. 先序遍历　　　　　B. 中序遍历　　　　　C. 后序遍历　　　　　D. 层次遍历

19. 图的广度优先遍历算法类似于二叉树的(　　　)算法。

    A. 先序遍历　　　　　B. 中序遍历　　　　　C. 后序遍历　　　　　D. 层次遍历

20. 对采用邻接表存储的图进行深度优先遍历时,通常借助(　　　)来实现算法。

A. 栈　　　　　　　B. 队　　　　　　　C. 树　　　　　　　D. 图

21. 对采用邻接表存储的图进行广度优先遍历时,通常借助(　　)来实现算法。

A. 栈　　　　　　　B. 队　　　　　　　C. 树　　　　　　　D. 图

22. 下列关于图的叙述中,正确的是(　　)。

Ⅰ. 回路是简单路径

Ⅱ. 存储稀疏图,用邻接矩阵比邻接表更节省空间

Ⅲ. 若有向图中存在拓扑序列,则该图不存在回路

A. 仅Ⅱ　　　　　　B. 仅Ⅰ Ⅱ　　　　　C. 仅Ⅲ　　　　　　D. 仅Ⅰ Ⅲ

23. 对含有 n 个顶点、e 条边且使用邻接表存储的有向图进行广度优先遍历,其时间复杂度为(　　)。

A. $O(n)$　　　　　B. $O(n+e)$　　　C. $O(e)$　　　　　D. $O(n*e)$

24. 若用邻接矩阵存储有向图,矩阵中主对角线以下的元素均为零,则关于该图拓扑序列的结论是(　　)。

A. 存在,且唯一　　　　　　　　　　B. 存在,且不唯一

C. 存在,可能不唯一　　　　　　　　D. 无法确定是否存在

25. 设有向图 $G = \langle V, E \rangle$,顶点集 $V = \{V_0, V_1, V_2, V_3\}$,$E = \{\langle V_0, V_1 \rangle, \langle V_0, V_2 \rangle, \langle V_0, V_3 \rangle, \langle V_1, V_3 \rangle\}$,若从顶点 V_0 开始对图进行深度优先遍历,则可能得到的不同遍历序列的个数是(　　)。

A. 2　　　　　　　　B. 3　　　　　　　C. 4　　　　　　　D. 5

26. 在图的广度优先遍历算法中用到一个队列,每个顶点最多进队(　　)次。

A. 1　　　　　　　　B. 2　　　　　　　C. 3　　　　　　　D. 不确定

27. 以下关于广度优先遍历的叙述正确的是(　　)。

A. 广度优先遍历不适合有向图

B. 对任何有向图调用一次广度优先遍历算法便可访问所有的顶点

C. 对一个强连通图调用一次广度优先遍历算法便可访问所有的顶点

D. 对任何非强连通图需要多次调用广度优先遍历算法才可访问所有的顶点

28. 任何一个含两个或以上顶点的带权无向连通图(　　)最小生成树。

A. 只有一棵　　　B. 有一棵或多棵　　C. 一定有多棵　　D. 可能不存在

29. 一个无向连通图的生成树是含有该连通图的全部顶点的(　　)。

A. 极小连通子图　　B. 极小子图　　　C. 极大连通子图　　D. 极大子图

30. 设有无向图 $G = (V, E)$ 和 $G' = (V', E')$,如 G' 是 G 的生成树,则下面说法错误的是(　　)。

A. G' 为 G 的连通分量　　　　　B. G' 是 G 的无环子图

C. G' 为 G 的子图　　　　　　　D. G' 为 G 的极小连通子图且 $V' = V$

31. 对于有 n 个顶点的带权连通图,它的最小生成树是指图中任意一个(　　)。

A. 由 $n-1$ 条权值最小的边构成的子图

B. 由 $n-1$ 条权值之和最小的边构成的子图

C. 由 n 个顶点构成的极大连通子图

D. 由 n 个顶点构成的极小连通子图,且边的权值之和最小

32. 下列关于最小生成树的说法中,正确的是(　　)。

Ⅰ. 最小生成树的代价唯一。

Ⅱ. 权值最小的边一定会出现在所有的最小生成树中。

Ⅲ. 用 Prim 算法从不同顶点开始构造的所有最小生成树一定相同。

Ⅳ. 使用 Prim 算法和 Kruskal 算法得到的最小生成树总不相同。

　　A. 仅Ⅰ　　　　　　B. 仅Ⅱ　　　　　　C. 仅Ⅰ Ⅲ　　　　　D. 仅Ⅱ Ⅳ

33. 用 Prim 算法求一个连通的带权图的最小代价生成树,在算法执行的某时刻,已选取的顶点集合 $U=\{1,2,3\}$,已选取的边的集合 $TE=\{(1,2),(2,3)\}$,要选取下一条权值最小的边,应当从( )组中选取。

　　A. $\{(1,4),(3,4),(3,5),(2,5)\}$　　　　B. $\{(4,5),(1,3),(3,5)\}$

　　C. $\{(1,2),(2,3),(3,5)\}$　　　　　　D. $\{(3,4),(3,5),(4,5),(1,4)\}$

34. 用 Prim 算法求一个连通的带权图的最小代价生成树,在算法执行的某时刻,已选取的顶点集合 $U=\{1,2,3\}$,已选取的边的集合 $TE=\{(1,2),(2,3)\}$,要选取下一条权值最小的边,不可能从( )组中选取。

　　A. $\{(1,4),(3,4),(3,5),(2,5)\}$　　　　B. $\{(1,5),(2,4),(3,5)\}$

　　C. $\{(1,2),(2,3),(3,5)\}$　　　　　　D. $\{(1,4),(3,5),(2,5),(3,4)\}$

35. 求下图所示的带权图的最小生成树时,可能是 Kruskal 算法第 2 次选中但不是 Prim 算法从 V_4 顶点开始第 2 次选中的边是( )。

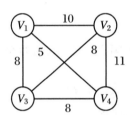

　　A.（V_1,V_3）　　　B.（V_1,V_4）　　　C.（V_2,V_3）　　　D.（V_3,V_4）

36. 用 Kruskal 算法求一个连通的带权图的最小代价生成树,在算法执行的某时刻,已选取的边集合 $TE=\{(1,2),(2,3),(3,5)\}$,要选取下一条权值最小的边,不可能选取的边是( )。

　　A. $(2,4)$　　　　B. $(1,4)$　　　　C. $(3,6)$　　　　D. $(1,3)$

37. 对含有 n 个顶点、e 条边的带权图求最短路径 Dijkstra 算法的时间复杂度为( )。

　　A. $O(n)$　　　B. $O(n+e)$　　　C. $O(n^2)$　　　D. $O(n*e)$

38. Dijkstra 算法是( )方法求出图中从某顶点到其余顶点最短路径的。

　　A. 按长度递减的顺序求出图的某顶点到其余顶点的最短路径

　　B. 按长度递增的顺序求出图的某顶点到其余顶点的最短路径

　　C. 通过深度优先遍历求出图中某顶点到其余顶点的最短路径

　　D. 通过广度优先遍历求出图中某顶点到其余顶点的最短路径

39. 用 Dijkstra 算法求一个带权有向图 G 中从顶点 0 出发的最短路径,在算法执行的某时刻,$S=\{0,2,3,4\}$,下一步选取的目标顶点可能是( )。

　　A. 顶点 2　　　B. 顶点 3　　　C. 顶点 4　　　D. 顶点 7

40. 用 Dijkstra 算法求下图中从顶点 1 到其他各顶点的最短路径,依次得到的各最短路径的目标顶点是(　　)。

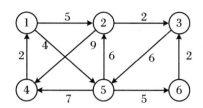

　　A. 5,2,3,4,6　　　　B. 5,2,3,6,4　　　C. 5,2,4,3,6　　　　D. 5,2,6,3,4

41. 用 Dijkstra 算法求一个带权有向图 G 中从顶点 0 出发的最短路径,在算法执行的某时刻,$S=\{0,2,3,4\}$,选取的目标顶点是顶点 1,则可能修改的最短路径是(　　)。

　　A. 从顶点 0 到顶点 2 的最短路径　　　　B. 从顶点 2 到顶点 4 的最短路径
　　C. 从顶点 0 到顶点 1 的最短路径　　　　D. 从顶点 0 到顶点 3 的最短路径

42. 一个顶点编号为 0~4 的带权有向图 G,现用 Floyd 算法求任意两个顶点之间的最短路径,在算法执行的某时刻已考虑了 0~2 的顶点,现考虑顶点 3,则以下叙述中正确的是(　　)。

　　A. 只可能修改从顶点 0~2 到顶点 3 的最短路径
　　B. 只可能修改从顶点 3 到顶点 0~2 的最短路径
　　C. 只可能修改从顶点 0~2 到顶点 4 的最短路径
　　D. 所有两个顶点之间的路径都可能被修改

43. 对于含有 n 个顶点、e 条边的有向图采用邻接表存储,则拓扑排序算法的时间复杂度为(　　)。

　　A. $O(n)$　　　　B. $O(n+e)$　　　　C. $O(n^2)$　　　　D. $O(n*e)$

44. 判定一个有向图是否存在回路除了可以利用拓扑排序方法以外,还可以用(　　)。

　　A. 求关键路径的方法　　　　　　　　B. 求最短路径的 Dijkstra 方法
　　C. 广度优先遍历算法　　　　　　　　D. 深度优先遍历算法

45. 若一个有向图中的顶点不能排成一个拓扑序列,则可断定该有向图(　　)。

　　A. 是个有根有向图　　　　　　　　　B. 是个强连通图
　　C. 含有多个入度为 0 的顶点　　　　　D. 含有顶点数目大于 1 的强连通分量

46. 关键路径是 AOE 网中(　　)。

　　A. 从源点到汇点的最长路径　　　　　B. 从源点到汇点的最短路径
　　C. 最长的回路　　　　　　　　　　　D. 最短的回路

47. 对于 AOE 网的关键路径,以下述中正确的是(　　)。

　　A. 任何一个关键活动提前完成,则整个工程也会提前完成
　　B. 完成工程的最短时间是从源点到汇点的最短路径长度
　　C. 一个 AOE 网的关键路径是唯一的
　　D. 任何一个活动待续时间的改变可能会影响关键路径的改变

48. 下图所示的 AOE 网表示一项包含 8 个活动的工程,通过同时加快若干活动的进度可以缩短整个工程的工期。下列选项中,加快其进度就可以缩短工程工期的是(　　)。

　　A. c 和 e　　　　B. d 和 e　　　　C. f 和 d　　　　D. f 和 h

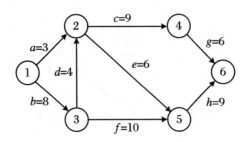

二、填空题

1. 有 n 个顶点的无向图最多有_____条边。

2. 有 n 个顶点的强连通有向图 G 至少有_____条边。

3. 在有 n 个顶点的有向图中,每个顶点的度最大可达_____。

4. 一个图的_____存储结构是唯一的,而_____存储结构不一定是唯一的。

5. 用邻接矩阵 A 存储不带权有向图 G,其第 1 行的所有元素之和等于顶点 i 的_____。

6. 有 n 个顶点的有向图 G 最多有_____条边。

7. 对于一个具有 n 个顶点、e 条边的无向图,若采用邻接表表示,则头结点数组的大小为_____,边结点总数是_____。

8. 已知一个有向图采用邻接矩阵表示,删除所有从第 i 个顶点出发的边的操作是_____。

9. 对于 n 个顶点的不带权无向图采用邻接矩阵表示,求图中边数的方法是_____,判断任意两个顶点 i 和 j 是否有边相连的方法是_____,求任意一个顶点的度的方法是_____。

10. 对于 n 个顶点的不带权有向图,采用邻接矩阵表示,求图中边数的方法是_____,判断顶点 i 到 j 是否有边的方法是_____,求任意一个顶点的度的方法是_____。

11. 对于 n 个顶点的无向图,采用邻接表表示,求图中边数的方法是_____,判断任意两个顶点 i 和 j 是否有边相连的方法是_____,求任意一个顶点的度的方法是_____。

12. 无向图的连通分量是指_____。

13. 一个有 n 个顶点、e 条边的连通图采用邻接表表示,从某个顶点 v 出发进行深度优先遍历 DFS(G,v),则最大的递归深度是_____。

14. 一个有 n 个顶点、e 条边的连通图采用邻接表表示,从某个顶点 v 出发进行广度优先遍历 BFS(G,v),则队列中最多的顶点个数是_____。

15. 有 n 个顶点、e 条边的图 G 采用邻接矩阵表示,从顶点 v 出发进行深度优先遍历的时间复杂度为_____。

16. 对于 n 个顶点的连通图来说,它的生成树一定有_____条边。

17. 若含有 n 个顶点的无向图恰好形成一个环,则它有_____棵生成树。

18. 一个连通图的_____是一个极小连通子图。

19. Prim 算法适用于求_____的网的最小生成树,Kruskal 算法适用于求_____

的网的最小生成树。

20. Dijkstra 算法从源点到其余各顶点的最短路径的路径长度按_____次序依次产生,该算法在边上的权出现_____情况时不能正确产生最短路径。

21. 对于含有 n 个顶点、e 条边的带权图,采用 Floyd 算法求所有两个顶点之间的最短路径,在求出所有最短路径后 path$[i][j]$ 的元素表示_____。

22. 对于含有 n 个顶点、e 条边的带权图,采用 Floyd 算法求所有两个顶点之间的最短路径,$A[i][j] = \infty$ 表示_____。

23. 可以进行拓扑排序的有向图一定是_____。

24. 对于含有 n 个顶点、e 条边的有向无环图,拓扑排序算法的时间复杂度是_____。

25. 一个含有 n 个顶点的有向图仅有唯一的拓扑序列,则该图的边数为_____。

26. 在 AOE 网中,从源点到汇点的长度最长的路径称关键路径,该路径上的活动称为_____。

27. 在一个 AOE 网中,某活动 a 的最早开始时间为 $e(a)$,最迟开始时间为 $l(a)$,该活动需要 c 天完成,若满足_____,则称 a 为关键活动。

三、判断题

1. n 个顶点的无向图最多有 $n(n-1)$ 条边。　　　　　　　　　　(　　)

2. 在有向图中,各顶点的入度之和等于各顶点的出度之和。　　　　(　　)

3. 强连通图的各顶点间均可达。　　　　　　　　　　　　　　　(　　)

4. 在 n 个结点的无向图中,若边数大于 $n-1$,则该图必是连通图。　(　　)

5. 无论是有向图还是无向图,其邻接矩阵表示都是唯一的。　　　　(　　)

6. 对同一个有向图来说,只保存出边的邻接表中结点的数目总是和只保存入边的邻接表中结点的数目一样多。　　　　　　　　　　　　　　　　　(　　)

7. 如果表示图的邻接矩阵是对称矩阵,则该图一定是无向图。　　　(　　)

8. 如果表示有向图的邻接矩阵是对称矩阵,则该有向图一定是完全有向图。(　　)

9. 一个有向图的邻接表和逆邻接表中结点的个数可能不等。　　　　(　　)

10. 如果表示图的邻接矩阵是对称矩阵,则该图一定是无向图。　　　(　　)

11. 连通图的生成树包含了图中的所有顶点。　　　　　　　　　　(　　)

12. 对 n 个顶点的连通图 G 来说,如果其中的某个子图有 n 个顶点、$n-1$ 条边,则该子图一定是 G 的生成树。　　　　　　　　　　　　　　　　(　　)

13. 最小生成树是指边数最少的生成树。　　　　　　　　　　　　(　　)

14. 从 n 个顶点的连通图中选取 $n-1$ 条权值最小的边即可构成最小生成树。(　　)

15. 强连通图不能进行拓扑排序。　　　　　　　　　　　　　　　(　　)

16. 只要带权无向图中没有权值相同的边,其最小生成树就是唯一的。(　　)

17. 只要带权无向图存在权值相同的边,其最小生成树就不可能是唯一的。(　　)

18. 关键路径是由权值最大的边构成的。　　　　　　　　　　　　(　　)

19. 一个 AOE 网可能有多条关键路径,这些关键路径的长度可以不相同。(　　)

20. 求单源最短路径的 Dijkstra 算法不适用于有回路的带权有向图。(　　)

21. 求单源最短路径的 Dijkstra 算法不适用于有负权边的带权有向图。(　　)

22. 最短路径一定是简单路径。　　　　　　　　　　　　　　　　(　　)

23. 连通分量是无向图中的极小连通子图。　　　　　　　　　　　　　　（　　）

24. 强连通分量是有向图中的极大强连通子图。　　　　　　　　　　　　（　　）

25. 对于有向图 G，如果从任一顶点出发进行一次深度优先或广度优先遍历能访问到每个顶点，则该图一定是完全图。　　　　　　　　　　　　　　　　　　（　　）

26. 在连通图的广度优先遍历中一般要采用队列来暂存刚访问过的顶点。　（　　）

27. 在图的深度优先遍历中一般要采用栈来暂存刚访问过的顶点。　　　　（　　）

28. 广度优先遍历方法仅仅适合无向图的遍历而不适合有向图的遍历。　　（　　）

29. 有向图的遍历不可采用广度优先遍历方法。　　　　　　　　　　　　（　　）

30. 广度优先遍历生成树描述了从起点到各顶点的最短路径。　　　　　　（　　）

31. 无环有向图才能进行拓扑排序。　　　　　　　　　　　　　　　　　（　　）

32. 拓扑排序算法不适合无向图的拓扑排序。　　　　　　　　　　　　　（　　）

33. 关键路径是 AOE 网中从源点到汇点的最长路径。　　　　　　　　　（　　）

34. 在表示某工程的 AOE 网中，加速其关键路径上的任意关键活动均可缩短整个工程的完成时间。　　　　　　　　　　　　　　　　　　　　　　　　　（　　）

35. 当改变网上某一关键路径上的任一关键活动后，必将产生不同的关键路径。（　　）

36. 在 AOE 图中，所有关键路径上共有的某个活动的时间缩短 c 天，整个工程的时间也必定缩短 c 天。　　　　　　　　　　　　　　　　　　　　　　　　（　　）

37. 在 AOE 图中，延长关键活动的时间会导致延长整个工程的工期。　　（　　）

四、解答题

1. 简述图有哪两种主要的存储结构，并说明各种存储结构在图中的不同运算(如图的遍历、求最小生成树、最短路径和拓扑排序等)中有什么样的优越性。

2. 回答以下关于图的问题：

(1) 有 n 个顶点的强连通图最多需要多少条边？最少需要多少条边？

(2) 表示一个有 1000 个顶点、1000 条边的有向图的邻接矩阵有多少个矩阵元素？

(3) 对于一个有向图，不用拓扑排序，如何判断图中是否存在环？

3. 一个有向图 G 的邻接表存储如下图所示，给出该图的所有强连通分量。

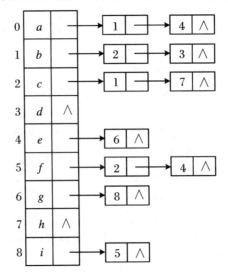

4. 有一个带权有向图如下图所示,回答以下问题:

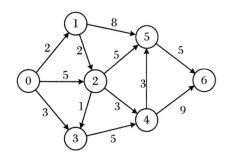

(1) 给出该图的邻接矩阵表示;

(2) 给出该图的邻接表表示;

(3) 给出该图的逆邻接表表示;

(4) 和邻接表相比,逆邻接表的主要作用是什么?

5. 下图为含有 5 个顶点的图 G,请回答以下问题:

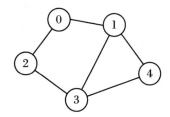

(1) 写出图 G 的邻接矩阵 A(行、列下标从 0 开始)。

(2) 求 A^2,矩阵 A^2 中位于 0 行 3 列元素值的含义是什么?

(3) 若已知具有 $n(n \geqslant 2)$ 个顶点的邻接矩阵为 B,则 $B^m(2 \leqslant m \leqslant n)$ 的非零元素的含义是什么?

6. 给定如下图所示的带权无向图 G。

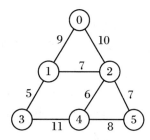

(1) 画出该图的邻接表存储结构;

(2) 根据该图的邻接表存储结构,从顶点 0 出发,调用 DFS 和 BFS 算法遍历该图,给出相应的遍历序列;

(3) 给出采用 Kruskal 算法构造最小生成树的过程。

7. 某乡有 A、B、C 和 D 共 4 个村庄,如下图所示,图中边上的数值 W_{ij} 即为从 i 村庄到 j 村庄间的距离,现在要在某个村庄建立中心俱乐部,其选址应使得离中心俱乐部最远的村庄到俱乐部的距离最短。

(1) 请给出各村庄之间的最短距离矩阵;

(2) 该中心俱乐部应设在哪个村庄,给出各村庄到中心俱乐部的路径及路径长度。

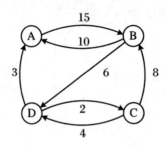

8. 证明:当深度优先遍历算法应用于一个连通图时,遍历过程中所经历的边形成一棵树。

9. 对于如下图所示的有向网,试利用 Dijkstra 算法求出从源点 1 到其他各顶点的最短路径,并写出执行过程。

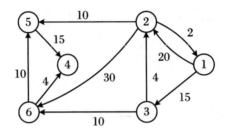

10. 带权图(权值非负,表示边连接的两顶点间的距离)的最短路径问题是找出从初始顶点到目标顶点之间的一条最短路径。假定从初始顶点到目标顶点之间存在路径,现有一种解决该问题的方法:

(1) 设最短路径初始时仅包含初始顶点,令当前顶点 u 为初始顶点;

(2) 选择离 u 最近且尚未在最短路径中的一个顶点 v,加入到最短路径中,修改当前顶点 $u = v$;

(3) 重复步骤(2),直到 u 是目标顶点时为止。

请问上述方法能否求得最短路径? 若该方法可行,请证明;否则,请举例说明。

11. 对于有向无环图:

(1) 叙述求拓扑有序序列的步骤;

(2) 对于如下图所示的图 G,写出它的 4 个不同的拓扑序列。

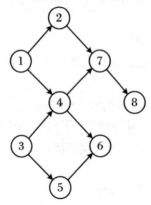

12. 已知有 6 个顶点(顶点编号为 0~5 号)的有向带权图 G,其邻接矩阵 A 为上三角矩阵,按行为主序(行优先)保存在如下的一维数组中。

4	6	∞	∞	∞	5	∞	∞	∞	4	3	∞	∞	3	3

要求:

(1) 写出图 G 的邻接矩阵 A;

(2) 画出有向带权图 G;

(3) 求图 G 的关键路径,并计算该关键路径的长度。

13. 有如下图所示的带权有向图 G,试回答以下问题:

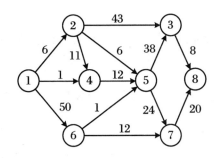

(1) 给出从顶点 1 出发的一个深度优先遍历序列和一个广度优先遍历序列;

(2) 给出 G 的一个拓扑序列;

(3) 给出从顶点 1 到顶点 8 的最短路径和关键路径。

五、算法设计题

1. 假设带权有向图 G 采用邻接表存储。设计一个算法增加一条边 $\langle i,j \rangle$,其权值为 w,假设顶点 i,j 已存在,原来图中不存在 $\langle i,j \rangle$ 边。

2. 假设带权有向图 G 采用邻接表存储,假设顶点 i,j 已存在,设计一个算法删除一条已存在的边 $\langle i,j \rangle$。

3. 假设带权有向图 G 采用邻接表存储,设计一个算法输出顶点 t 的所有入边邻接点。

4. 假设无向图采用邻接表存储,编写一个算法求连通分量的个数并输出各连通分量的顶点集。

5. 假设图采用邻接表存储,分别写出基于 DFS 和 BFS 遍历的算法来判断顶点 i 和顶点 $j(i \neq j)$ 之间是否有路径。

6. 假设图采用邻接表 G_1 存储,设计一个算法由 G_1 产生该图的逆邻接表 G_2。

第8章 查 找

 实训项目

基础实训1 线性表上的查找

1. 实验目的
理解线性表上的查找方法,熟练掌握顺序查找和折半查找的算法设计。

2. 实验内容
编写程序实现以下功能:

(1) 在顺序表{15,37,62,70,53,90,31,65,29,11}中采用顺序查找的方法查找某一给定的关键字;

(2) 在有序顺序表{15,16,17,18,19,20,21,22,23,24}中采用折半查找的方法查找某一给定的关键字。

要求:输出查找过程中依次比较的关键字序列,并给出查找结果。

3. 程序实现
完整代码如下:

```c
#include <stdio.h>
#define MAXL 50                         /*定义表中记录的最大个数*/
typedef int KeyType;
typedef char InfoType[10];
typedef struct
{   KeyType key;                        /*KeyType 为关键字的数据类型*/
    InfoType data;                      /*其他数据*/
} NodeType;
typedef NodeType SeqList[MAXL];         /*顺序表类型*/
void CreateList(SeqList R, int str[], int n)   /*建立并输出顺序存储的查找表*/
{   int i;
    for (i=0; i<n; i++)
    {   R[i].key=str[i];
        printf("%d ",R[i].key);
    }
    printf("\n");
}
int SeqSearch(SeqList R, int n, KeyType k)   /*顺序查找算法*/
```

```
{    int i = 0;
     while(i<n && R[i].key! = k)              /* 从表头往后找 */
     {    printf("%d ",R[i].key);
          i++;
     }
     if (i>=n)
          return -1;
     else
     {    printf("%d",R[i].key);
          return i;
     }
}
int BinSearch(SeqList R,int n,KeyType k)      /* 折半查找算法 */
{    int low = 0, high = n - 1, mid;
     while (low<=high)
     {    mid = (low + high)/2;
          printf("%d ",R[mid].key);
          if (R[mid].key==k)                  /* 查找成功,返回元素的下标 */
               return mid;
          if (R[mid].key>k)                   /* 继续在 R[low..mid-1]中查找 */
               high = mid - 1;
          else                                /* 继续在 R[mid+1..high]中查找 */
               low = mid + 1;
     }
     return -1;                               /* 查找失败,返回-1 */
}
int main()
{    SeqList R;
     int n = 10, i;
     int a[] = {15,37,62,70,53,90,31,65,29,11}, b[] = {15,16,17,18,19,20,21,22,23,24};
     KeyType k;
     printf("=========**线性表上的查找**=============\n【1】顺序查找\n");
     printf("\n  (1)查找表的关键字序列为:\n\t");
     CreateList(R,a,n);
     printf("\n  (2)请输入要查找的关键字:");
     scanf("%d",&k);
     printf("\n  (3)查找%d 的过程中,依次比较的关键字序列为:\n\t",k);
     if ((i = SeqSearch(R,n,k))! = -1)
          printf("\n\n  (4)查找成功,元素%d 为:R[%d]\n",k,i);
     else
          printf("\n\n  (4)查找失败,元素%d 不在表中\n",k);
     printf("---------------------------\n【2】折半查找\n");
     printf("\n  (1)查找表的关键字序列为:\n\t");
     CreateList(R,b,n);
```

```
printf("\n   (2)请输入要查找的关键字:");
scanf("%d",& k);
printf("\n   (3)查找%d的过程中,依次比较的关键字序列为:\n\t",k);
if ((i = BinSearch(R,n,k))! = -1)
    printf("\n\n   (4)查找成功,元素%d是:R[%d]\n",k,i);
else
    printf("\n\n   (4)查找失败,元素%d不在表中\n",k);
printf("- - - - - - - - - - - - - - - - - - - - - - - - - - - - - - - -\n");
return 0;
}
```

4. 运行结果

运行结果如图 8.1 所示。

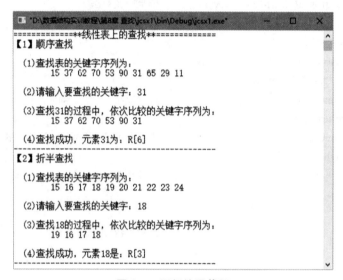

图 8.1 运行结果截图

基础实训 2 树表上的查找

1. 实验目的

领会二叉排序树的定义、创建、查找和删除过程及其算法设计。

2. 实验内容

编写程序实现如下功能:

(1) 由关键字序列(43,29,85,12,46,91,68,11,57,96,33,25)创建一棵二叉排序树 bt 并以括号表示法输出;

(2) 判断 bt 是否为一棵二叉排序树;

(3) 查找关键字为 57 的结点,并输出其查找路径;

(4) 分别删除 bt 中关键字为 43 和 85 的结点,并以括号表示法输出删除后的二叉排序树。

3. 程序实现

完整代码如下:

```
#include <stdio.h>
#include <malloc.h>
#define MaxSize 100
typedef int KeyType；
typedef char InfoType[10]；
typedef struct node
{   KeyType key；                    /* 关键字项 */
    InfoType data；                  /* 其他数据域 */
    struct node * lchild, * rchild；  /* 左右孩子指针 */
} BSTNode；
int InsertBST(BSTNode * &bt, KeyType k)
{   /* 在二叉排序树 bt 中插入关键字为 k 的结点。插入成功返回 1,否则返回 0 */
    if (bt == NULL)                 /* 原树为空 */
    {   bt = (BSTNode * )malloc(sizeof(BSTNode));
        bt->key=k;  bt->lchild=bt->rchild=NULL;      /* 新插入的结点作为根 */
        return 1;
    }
    else if (k == bt->key)          /* 存在相同关键字的结点,返回 0 */
            return 0；
        else if (k<bt->key)
                return InsertBST(bt->lchild,k);        /* 插入左子树中 */
            else
                return InsertBST(bt->rchild,k);        /* 插入右子树中 */
}
void DispBST(BSTNode * bt)          /* 输出一棵排序二叉树 */
{   if (bt! = NULL)
    {   printf("%d",bt->key)；
        if (bt->lchild! = NULL || bt->rchild! = NULL)
        {   printf("(")；                            /* 有孩子结点时才输出( */
            DispBST(bt->lchild)；                     /* 递归处理左子树 */
            if (bt->rchild! = NULL)  printf(",")；     /* 有右孩子结点时才输出, */
                DispBST(bt->rchild)；                  /* 递归处理右子树 */
            printf(")")；                             /* 有孩子结点时才输出) */
        }
    }
}
BSTNode * CreateBST(KeyType A[], int n)              /* 创建二叉排序树 */
{   BSTNode * bt = NULL;                             /* 初始时 bt 为空树 */
    int i=0;
    while (i<n)
        if (InsertBST(bt,A[i]) == 1)                 /* 将 A[i]插入二叉排序树 T 中 */
        {   printf("\t第%d步,插入%d：",i+1,A[i])；
            DispBST(bt); printf("\n")；
            i++；
```

```
        }
    return bt;                                /* 返回建立的二叉排序树的根指针 */
}
void Delete(BSTNode * & p)
{   /* 删除二叉排序树中的结点 p,并重接它的左或右子树 */
    BSTNode * q, * s;
    if (p->rchild = = NULL)                   /* 结点 p 无右子树的情况 */
    {   q = p;
        p = p->lchild;                        /* 用结点 p 的左孩子替代它 */
        free(q);
    }
    else if (p->lchild = = NULL)              /* 结点 p 无左子树的情况 */
        {   q = p;
            p = p->rchild;                    /* 用结点 p 的右孩子替代它 */
            free(q);
        }
        else                                  /* 结点 p 既有左子树又有右子树的情况 */
        {   q = p; s = p->lchild;
            while(s->rchild! = NULL)          /* 找到左子树最右下的结点 s */
            {   q = s;
                s = s->rchild;
            }
            p->key = s->key;                  /* 用结点 s 替代被删结点 p */
            if (q! = p)
                q->rchild = s->lchild;        /* 重接 *q 的右子树 */
            else
                q->lchild = s->lchild;        /* 重接 *q 的左子树 */
            free(s);
        }
}
int DeleteBST(BSTNode * & bt, KeyType k)
{   if (bt = = NULL)
        return 0;                             /* 空树无法删除,返回 0 */
    else
    {   if (k<bt->key)
            return DeleteBST(bt->lchild,k);   /* 递归在左子树中删除为 k 的结点 */
        else if (k>bt->key)
                return DeleteBST(bt->rchild,k); /* 递归在右子树中删除 */
            else
            {   Delete(bt);                   /* 调用 Delete(bt)函数删除 *bt 结点 */
                return 1;                     /* 删除成功,返回 1 */
            }
        }
    }
}
```

```
int SearchBST(BSTNode * bt, KeyType k)
{    /*递归查找,并输出查找过程依次比较的关键字序列*/
    if (bt = = NULL)                              /*递归终结条件*/
        return 0;
    else if (k = = bt->key)
        {    printf("%3d",bt->key);
            return 1;
        }
        else if (k<bt->key)
                SearchBST(bt->lchild,k);         /*在左子树中递归查找*/
            else
                SearchBST(bt->rchild,k);         /*在右子树中递归查找*/
    printf("%3d",bt->key);
}
KeyType predt = -32767;               /*全局变量predt,保存当前结点的中序前驱值,初值为-∞*/
int JudgeBST(BSTNode * bt)            /*判断bt是否为二叉排序树*/
{    int b1, b2;
    if (bt = = NULL)
        return 1;
    else
    {    b1 = JudgeBST(bt->lchild);
        if (b1 = = 0 || predt >= bt->key)
            return 0;
        predt = bt->key;
        b2 = JudgeBST(bt->rchild);
        return b2;
    }
}
void DestroyBST(BSTNode * &bt)          /*销毁二叉排序树bt*/
{    if (bt! = NULL)
    {    DestroyBST(bt->lchild);
        DestroyBST(bt->rchild);
        free(bt);
    }
}
int main()
{    BSTNode * bt;
    KeyType k = 57;
    int a[] = {43,29,85,12,46,91,68,11,57,96,33,25}, n = 12;
    printf("(1)创建一棵BST树:\n");
    bt = CreateBST(a,n);
    printf("(2)BST:");   DispBST(bt);   printf("\n");
    printf("(3)bt%s\n",(JudgeBST(bt)?"是一棵BST":"不是一棵BST"));
    printf("(4)递归查找关键字%d时,查找路径的逆序为:",k);   SearchBST(bt,k);
```

```
    printf("\n(5)删除操作:\n");
    printf("    原 BST:"); DispBST(bt); printf("\n");
    printf("    删除结点 43 后的 BST 为:");
    DeleteBST(bt,43); DispBST(bt); printf("\n");
    printf("    再删除结点 85 后的 BST 为:");
    DeleteBST(bt,85); DispBST(bt); printf("\n");
    printf("(6)销毁 BST\n"); DestroyBST(bt);
    return 1;
}
```

4.运行结果

运行结果如图 8.2 所示。

图 8.2 运行结果截图

基础实训 3 哈希表上的查找

1.实验目的

领会哈希表的构造、哈希表元素的插入、删除和查找的过程及相关算法设计。

2.实验内容

编写程序实现如下功能:

(1) 建立关键字序列(16,74,60,43,54,90,46,31,29,88,77)对应的哈希表 $A[0..12]$,哈希函数为 $H(k)=k\%p$,并采用开放定址法中的线性探测法解决冲突;

(2) 显示构建所得的哈希表及各关键字在查找成功时的探查次数,并求出查找成功和查找失败时的平均查找长度 ASL;

(3) 在上述哈希表中查找关键字为 29 的记录,给出查找结果及关键字比较次数;

(4) 在上述哈希表中删除关键字为 29 的记录;

(5) 显示删除 29 后所得的哈希表及各关键字在查找成功时的探查次数,并求出查找成功和查找失败时的平均查找长度 ASL;

(6) 在上述哈希表中继续查找关键字为 29 的记录,给出查找结果及关键字比较次数;

(7) 在上述哈希表中插入关键字为 86 的记录;

（8）显示插入 86 后所得的哈希表及各关键字在查找成功时的探查次数，并求出查找成功和查找失败时的平均查找长度 ASL。

3．程序实现

这里的关键字序列 $(16,74,60,43,54,90,46,31,29,88,77)$ 中共有 11 个元素，即 $n = 11$；哈希表为 $A[0..12]$，即表长 $m = 13$；哈希函数为 $H(k) = k \% p$，取 $p = 13$。

完整代码如下：

```c
#include <stdio.h>
#define MaxSize 100              /* 定义哈希表的最大长度 */
#define NULLKEY -1               /* 定义空记录的关键字值 */
#define DELKEY -2                /* 定义被删记录的关键字值 */
typedef int KeyType;            /* 关键字类型 */
typedef struct
{   KeyType key;                 /* 关键字域 */
    int count;                   /* 探测次数域 */
} HashTable;                     /* 哈希表的记录类型 */
void InsertHT(HashTable ha[], int &n, int m, int p, KeyType k)
{   /* 将关键字 k 插到哈希表中 */
    int i, adr;
    adr = k%p;                   /* 计算哈希函数值 */
    if (ha[adr].key == NULLKEY || ha[adr].key == DELKEY)
    {   /* k 可以直接放在哈希表中 */
        ha[adr].key = k;
        ha[adr].count = 1;
    }
    else                         /* 发生冲突时采用线性探测法解决冲突 */
    {   i = 1;                   /* i 用来记录 k 发生冲突的次数 */
        do
        {   adr = (adr+1)%m;     /* 线性探测 */
            i++;
        } while (ha[adr].key! = NULLKEY && ha[adr].key! = DELKEY);
        ha[adr].key = k;         /* 在 adr 处放置 k */
        ha[adr].count = i;       /* 设置探测次数 */
    }
    n++;                         /* 关键字总个数增 1 */
}
void CreateHT(HashTable ha[], int &n, int m, int p, KeyType keys[], int n1)
{   /* 创建哈希表 */
    int i;
    for (i=0; i<m; i++)          /* 哈希表初始置空 */
    {   ha[i].key = NULLKEY;
        ha[i].count = 0;
    }
    n = 0;
```

```
        for (i=0; i<n1; i++)
            InsertHT(ha, n, m, p, keys[i]);   /*插入 n 个关键字*/
    }
    void SearchHT(HashTable ha[], int m, int p, KeyType k)      /*在哈希表中查找关键字 k*/
    {   int i=1, adr;
        adr=k%p;/                            *计算哈希函数值*/
        while (ha[adr].key! =NULLKEY && ha[adr].key! =k)
        {   i++;                            /*累计关键字比较次数*/
            adr=(adr+1)%m;                  /*线性探测*/
        }
        if (ha[adr].key==k)                 /*查找成功*/
            printf("   查找成功,共比较%d 次。\n",i);
        else/*查找失败*/
            printf("   查找失败,共比较%d 次。\n",i);
    }
    int DeleteHT(HashTable ha[], int &n, int m, int p, KeyType k)      /*删除哈希表中关键字 k*/
    {   int adr;
        adr=k % p;                          /*计算哈希函数值*/
        while (ha[adr].key! =NULLKEY && ha[adr].key! =k)
            adr=(adr+1)%m;                  /*线性探测*/
        if (ha[adr].key==k)                 /*查找成功*/
        {   ha[adr].key=DELKEY;             /*删除关键字 k*/
            n--;                            /*关键字总个数减 1*/
            return 1;
        }
        else   return 0;                    /*查找失败*/
    }
    void ASL(HashTable ha[], int n, int m, int p)      /*求平均查找长度*/
    {   int i, j;
        float succ=0, unsucc=0, s;
        for (i=0; i<m; i++)
            if (ha[i].key! =NULLKEY && ha[i].key! =DELKEY)
                succ+=ha[i].count;          /*累计成功时关键字总的比较次数*/
        printf("\t\t■ASL(成功)=%.3f",succ*1.0/n);
        for (i=0; i<p; i++)
        {   s=1; j=i;
            while (ha[j].key! =NULLKEY)
            {   s++;
                j=(j+1)%m;
            }
            unsucc+=s;                      /*累计失败时关键字总的比较次数*/
        }
        printf("\t■ASL(失败)=%.3f\n",unsucc*1.0/p);
    }
```

```
void DispHT(HashTable ha[]，int n，int m，int p)          /＊输出哈希表＊/
{  int i；
    printf("\t\t")；
    for (i＝1；i＜＝54；i++)
        printf("－")；
    printf("\n 哈希表地址:\t")；
    for (i＝0；i＜m；i++)
        printf(" %3d",i)；
    printf("\n")；
    printf("  哈希表关键字:\t")；
    for (i＝0；i＜m；i++)
        if (ha[i].key＝＝NULLKEY)
            printf("   ")；               /＊输出3个空格＊/
        else
            printf(" %3d",ha[i].key)；
    printf("\n\t\t")；
    for (i＝1；i＜＝54；i++)
        printf("－")；
    printf("\n 探测次数:\t")；
    for (i＝0；i＜m；i++)
        if (ha[i].key＝＝NULLKEY ‖ ha[i].key＝＝DELKEY)
            printf("   ")；               /＊输出3个空格＊/
        else
            printf(" %3d",ha[i].count)；
    printf(" \n\t\t")；
    for (i＝1；i＜＝54；i++)
        printf("－")；
    printf("\n")；
    ASL(ha,n,m,p)；
}
int main()
{  int keys[]＝{16,74,60,43,54,90,46,31,29,88,77}；
    int n，m＝13，p＝13，k；
    HashTable ha[MaxSize]；
    printf("(1)创建哈希表\n")；  CreateHT(ha,n,m,p,keys,11)；
    printf("\n(2)显示哈希表:\n")；  DispHT(ha,n,m,p)；
    printf("\n(3)查找,待查关键字为:")；
    scanf("%d",&k)；
    SearchHT(ha,m,p,k)；
    printf("\n(4)删除,待删关键字为:")；
    scanf("%d",&k)；
    DeleteHT(ha,n,m,p,k)；
    printf("\n(5)显示哈希表:\n")；  DispHT(ha,n,m,p)；
    printf("\n(6)查找,待查关键字为:")；
```

```
        scanf("%d",&k);
        SearchHT(ha,m,p,k);
        printf("\n(7)插入,待插关键字为:");
        scanf("%d",&k);
        InsertHT(ha,n,m,p,k);
        printf("\n(8)显示哈希表:\n");    DispHT(ha,n,m,p);
        printf("\n");
        return 1;
}
```

4. 运行结果

运行结果如图 8.3 所示。

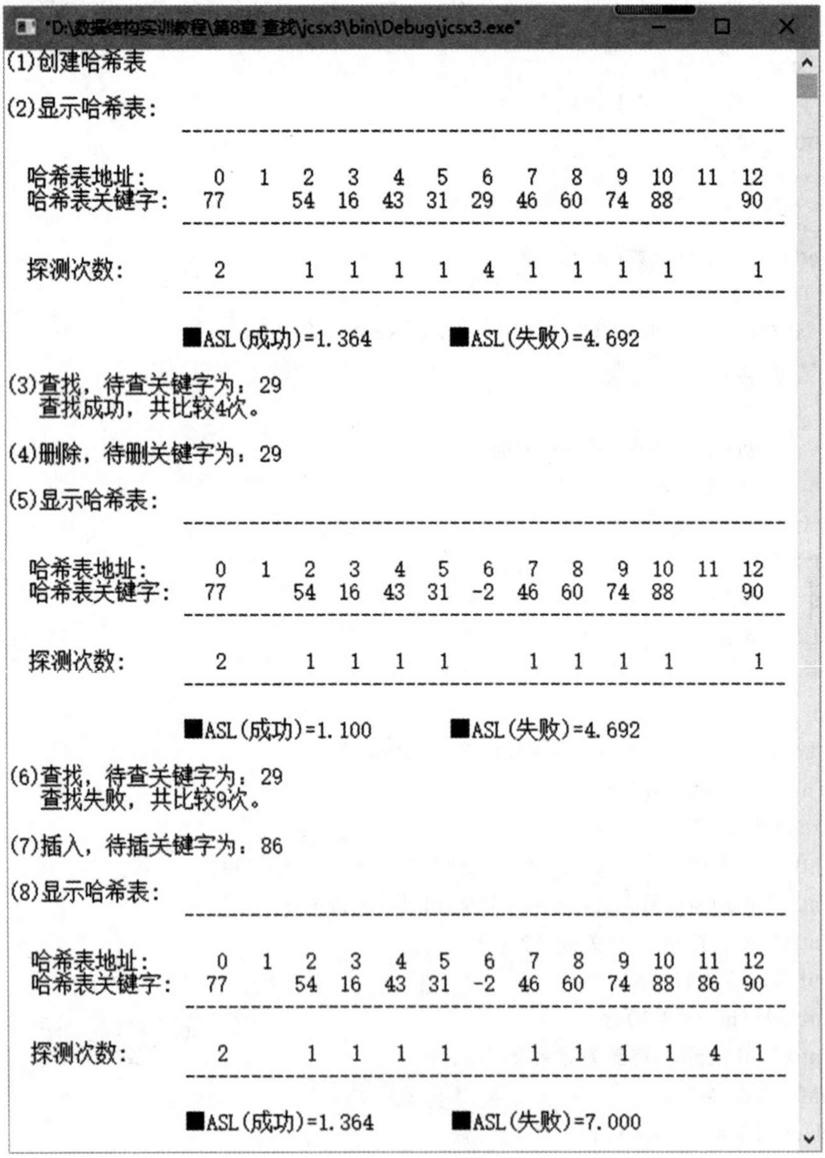

图 8.3　运行结果截图

拓展实训 1　求两个等长有序序列的中位数

1. 问题描述

一个长度为 $L(L \geqslant 1)$ 的升序序列 S，处在第 $\lceil L/2 \rceil$ 个位置的数称为 S 的中位数。例如，若序列 S1 = $(11,13,15,17,19)$，则 S1 的中位数为 15。两个序列的中位数是含它们所有元素的升序序列的中位数。例如，若 S2 = $(2,4,6,8,20)$，则 S1 和 S2 的中位数为 11。现有两个等长的升序序列 A 和 B，试设计一个在时间和空间两方面都尽可能高效的算法，找出两个序列 A 和 B 的中位数。

提示：这里采用折半查找的方法，设计算法 M_Search(A,B,n) 来求两个升序序列 A 和 B 的中位数，算法思路为：设两个升序序列 A 和 B 的中位数分别为 a 和 b，若 a = b，则 a 或 b 即为所求的中位数；否则，舍弃 a、b 中较小者所在序列之较小的一半，同时舍弃较大者所在序列之较大一半，要求两次舍弃的元素个数相同。在保留的两个升序序列中，重复上述过程，直到两个序列均只含一个元素时为止，则较小者为所求的中位数。

2. 运行结果示例

运行结果如图 8.4 所示。

图 8.4　求中位数运行结果示例

拓展实训 2　统计字符串中各字符出现的次数

1. 问题描述

编程实现如下功能：读入一个字符串，统计该字符串中的各字符出现的次数，并将统计结果按字符的 ASCII 码顺序输出。

提示：可以利用用户输入的字符串中的字符创建一棵二叉排序树，树中每个结点包含 4 个域，其中：data 域用来保存该结点对应的字符；count 域用来保存该字符出现的次数；lchild 和 rchild 分别为指向该结点的左右孩子结点的指针。由二叉排序树的性质可知：中序遍历这棵二叉排序树就可以将各结点对应的字符按 ASCII 码顺序输出。

2. 运行结果示例

运行结果如图 8.5 所示。

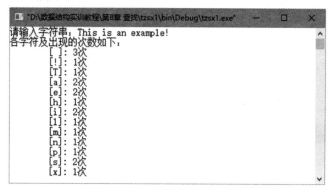

图 8.5　统计字符出现次数运行结果示例

 典型习题

一、选择题

1. 对 n 个元素的表做顺序查找时,若查找每个元素的概率相同,则平均查找长度为( )。

    A. $(n-1)/2$　　　　B. $(n+1)/2$　　　　C. $n/2$　　　　D. n

2. 在表长为 n 的链表中进行线性查找,它的平均查找长度为( )。

    A. n　　　　B. $(n+1)/2$　　　　C. $n^{1/2}+1$　　　　D. $\approx\log_2(n+1)-1$

3. 对于静态表的顺序查找法,若在表头设置岗哨,则正确的查找方法为( )。

    A. 从第 0 个元素往后查找该数据元素

    B. 从第 1 个元素往后查找该数据元素

    C. 从第 n 个元素开始向前查找该数据元素

    D. 与查找顺序无关

4. 对线性表进行折半查找时,要求线性表必须( )。

    A. 以顺序方式存储　　　　　　　　B. 以顺序方式存储,且结点按关键字有序排列

    C. 以链接方式存储　　　　　　　　D. 以链接方式存储,且结点按关键字有序排列

5. 如果要求一个线性表既能较快地查找,又能适应动态变化的要求,最好采用( )查找法。

    A. 分块查找　　　　B. 顺序查找　　　　C. 折半查找　　　　D. 散列查找

6. 折半查找有序表(4,6,10,12,20,30,50,70,88,100)。若查找表中元素58,则它将依次与表中的( )比较大小,查找结果是失败。

    A. 20,70,30,50　　　　B. 30,88,70,50　　　　C. 20,50　　　　D. 30,88,50

7. 一个有序表(1,3,9,12,32,41,45,62,75,77,82,95,100),当折半查找值为 82 的元素时,( )次比较后查找成功。

    A. 1　　　　B. 2　　　　C. 4　　　　D. 8

8. 折半查找 22 个记录的有序表,当查找失败时,至少需要进行( )次关键字比较。

    A. 3　　　　B. 4　　　　C. 5　　　　D. 6

9. 在下图所示的平衡二叉树中插入关键字 48 后得到一棵新的平衡二叉树,在新平衡二叉树中,关键字 37 所在结点的左右结点中保存的关键字分别是( )。

    A. 13,48　　　　B. 24,48　　　　C. 24,53　　　　D. 24,90

```
            24
          /    \
        13      53
               /  \
             37    90
```

10. 下列关键字序列中,( )不可能构成某二叉排序树中的一条查找路径序列。

    A. 95,22,91,24,94,71   B. 92,20,91,34,88,35

    C. 21,89,77,29,36,38   D. 12,25,71,68,33,34

11. 折半查找和二叉排序树上的查找时间性能(　　)。

    A. 数量级都是 $O(\log_2 n)$ B. 相同

    C. 有时不相同   D. 完全不同

12. 折半查找长度为 n 的线性表时,每个元素的平均查找长度为(　　)。

    A. $O(n^2)$ B. $O(n\log_2 n)$ C. $O(n)$ D. $O(\log_2 n)$

13. 有一个长度为 12 的有序表,按折半查找法对该表进行查找,在表内各元素等概率情况下查找成功所需的平均比较次数为(　　)。

    A. 35/12   B. 37/12   C. 39/12   D. 43/12

14. 当采用分块查找时,数据的组织方式为(　　)。

    A. 数据分成若干块,每块内数据有序

    B. 数据分成若干块,每块内数据不必有序,但块间必须有序,每块内最大(或最小)的数据组成索引块

    C. 数据分成若干块,每块内数据有序,每块内最大(或最小)的数据组成索引块

    D. 数据分成若干块,每块(除最后一块外)中数据个数需相同

15. 采用分块查找时,若线性表中共有 625 个元素,查找每个元素的概率相同,假设采用顺序查找来确定结点所在的块时,每块应分(　　)个结点最佳地。

    A. 10   B. 25   C. 6   D. 625

16. 在查找表的查找过程中,若被查找的元素不存在,则把该元素插入结合中。这种方式主要适合于(　　)。

    A. 静态查找表   B. 动态查找表

    C. 静态查找表与动态查找表   D. 两种表都不适合

17. 分别以下列序列构造二叉排序树,(　　)与用其他三个序列所构造的结果不同。

    A. (100,80,90,60,120,110,130)   B. (100,120,110,130,80,60,90)

    C. (100,60,80,90,120,110,130)   D. (100,80,60,90,120,130,110)

18. 在平衡二叉树中插入一个结点后造成了不平衡,设最低的不平衡结点为 A,并已知 A 的左孩子的平衡因子为 0,右孩子的平衡因子为 1,则应做(　　)型调整以使其平衡。

    A. LL   B. LR   C. RL   D. RR

19. 若将关键字 1,2,3,4,5,6,7 依次插入初始为空的平衡二叉树 T 中,则 T 中平衡因子为 0 的分支结点的个数是(　　)。

    A. 0   B. 1   C. 2   D. 3

20. 现有一棵无重复关键字的平衡二叉树,对其进行中序遍历可得到一个降序序列。下列关于该平衡二叉树的叙述中,正确的是(　　)。

    A. 根结点的度一定为 2   B. 树中最小元素一定是叶子结点

    C. 最后插入的元素一定是叶子结点   D. 树中最大元素一定无左子树

21. 下列关于 m 阶 B-树的说法错误的是(　　)。

    A. 根结点至多有 m 棵子树

    B. 所有叶子都在同一层次上

    C. 非叶子结点至少有 $m/2$(m 为偶数)或 $m/2+1$(m 为奇数)棵子树

　　D. 根结点中的数据是有序的

22. 下面关于 B－树和 B＋树的叙述中,不正确的是(　　　)。

　　A. B－树和 B＋树都是平衡的多叉树。

　　B. B－树和 B＋树都可用于文件的索引结构。

　　C. B－树和 B＋树都能有效地支持顺序查找。

　　D. B－树和 B＋树都能有效地支持随机查找。

23. m 阶 B－树是一棵(　　　)。

　　A. m 叉排序树　　　　　　　　　　　　B. m 叉平衡排序树

　　C. $m-1$ 叉平衡排序树　　　　　　　　　D. $m+1$ 叉平衡排序树

24. 在一棵高度为 2 的 5 阶 B－树中,所含关键字个数最少是(　　　)。

　　A. 5　　　　　　　　B. 7　　　　　　　　C. 8　　　　　　　　D. 14

25. 在一棵具有 15 个关键字的 4 阶 B－树中,含关键字的结点数最多是(　　　)。

　　A. 5　　　　　　　　B. 6　　　　　　　　C. 10　　　　　　　　D. 15

26. 下列叙述中,不符合 m 阶 B－树定义要求的是(　　　)。

　　A. 根结点最多有 m 棵子树　　　　　　B. 所有叶子结点都在同一层

　　C. 各结点内关键字均升序或降序排列　　D. 叶子结点之间通过指针连接

　　27. 在下图所示的 3 阶 B－树中删除关键字 78 可得一棵新的 B－树,其最右叶子结点中所含的关键字是(　　　)。

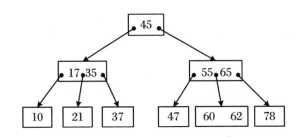

　　A. 60　　　　　　　　B. 60,62　　　　　　　　C. 62,65　　　　　　　　D. 65

28. B＋树不同于 B－树的特点之一是(　　　)。

　　A. 能支持顺序查找　　　　　　　　　　B. 结点中含有关键字

　　C. 根结点至少有 2 个分支　　　　　　　D. 所有叶子结点都在同一层

29. 下面关于散列查找的说法,正确的是(　　　)。

　　A. 散列函数构造的越复杂越好,因为这样随机性好,冲突少

　　B. 除留余数法是所有散列函数中最好的

　　C. 不存在特别好与坏的散列函数,要视情况而定

　　D. 散列表的平均查找长度有时也和记录总数有关

30. 在散列函数 $H(\mathrm{key})=\mathrm{key}\%p$ 中,p 应取(　　　)。

　　A. 素数　　　　　　　B. 整数　　　　　　　C. 小数　　　　　　　D. 任意数

31. 解决散列法中出现的冲突问题常采用的方法是(　　　)。

　　A. 数字分析法、除余法、平方取中法

　　B. 数字分析法、除余法、线性探测法

　　C. 数字分析法、线性探测法、多重散列法

D. 线性探测法、多重散列法、链地址法

32. 下面关于散列查找的说法,不正确的是(　　)。

A. 采用链地址法处理冲突时,查找任何一个元素的时间都相同

B. 采用链地址法处理冲突时,若插入规定总是在链首,则插入任一个元素的时间是相同的

C. 用链地址法处理冲突,不会引起二次聚集现象

D. 用链地址法处理冲突,适合表长不确定的情况

33. 为提高散列表的查找效率,可以采取的正确措施是(　　)。

Ⅰ. 增大装填因子

Ⅱ. 设计冲突(碰撞)少的散列函数

Ⅲ. 处理冲突(碰撞)时避免产生聚集(堆积)现象

A. 仅Ⅰ　　　　　　B. 仅Ⅱ　　　　　　C. 仅Ⅰ Ⅱ　　　　　　D. 仅Ⅱ Ⅲ

34. 用哈希(散列)方法处理冲突(碰撞)时可能出现聚集(堆积)现象,下列选项中,会受堆积现象直接影响的是(　　)。

A. 存储效率　　　B. 散列函数　　　C. 装填因子　　　D. 平均查找长度

35. 设哈希表长 $m = 14$,哈希函数 $H(\text{key}) = \text{key}\%11$,表中已有 4 个关键字:$\text{addr}(15) = 4$、$\text{addr}(38) = 5$、$\text{addr}(61) = 6$、$\text{addr}(84) = 7$,其余地址为空。如用二次探测法处理冲突,则关键字为 49 的元素的地址是(　　)。

A. 3　　　　　　　B. 5　　　　　　　C. 8　　　　　　　D. 9

36. 采用线性探测法处理冲突,可能要探测多个位置,在查找成功的情况下,所探测的这些位置上的关键字(　　)。

A. 不一定都是同义词　　　　　　B. 一定都是同义词

C. 一定都不是同义词　　　　　　D. 都相同

37. 既希望较快的查找,又便于线性表动态变化的查找方法是(　　)。

A. 顺序查找　　　B. 折半查找　　　C. 索引顺序查找　　　D. 哈希查找

38. 将 10 个元素散列到 100000 个单元的哈希表中,则(　　)发生冲突。

A. 一定会　　　　B. 一定不会　　　C. 仍可能会　　　D. 以上说法都不对

39. 散列表的平均查找长度(　　)。

A. 与处理冲突的方法有关而与表的长度无关

B. 与处理冲突的方法无关而与表的长度有关

C. 与处理冲突的方法有关而与表的长度有关

D. 与处理冲突的方法无关而与表的长度无关

40. 在哈希查找中,k 个关键字具有同一哈希值,若采用线性探测法将这 k 个关键字对应的记录存入哈希表中,至少要进行(　　)次探测。

A. k　　　　　　B. $k+1$　　　　　　C. $k(k+1)/2$　　　　　　D. $1+k(k+1)/2$

二、填空题

1. 在数据的存放无规律而言的线性表中进行检索的最佳方法是_____。

2. 以顺序查找方法从长度为 n 的线性表中查找一个元素时,平均查找长度为_____,时间复杂度为_____。

3. 在有序顺序表$(a_1,a_2,\cdots,a_{256})$中折半查找某一给定值k,在查找失败的情况下,最多需要检索_____次。

4. 假定对长度$n=50$的有序表进行折半查找,则对应的判定树高度为_____,判定树中前5层的结点数为_____,最后一层的结点数为_____。

5. 假设在有序顺序表$a[20]$上进行折半查找,则比较1次查找成功的结点个数为_____;比较2次查找成功的结点个数为_____;比较4次查找成功的结点个数为_____;成功时的平均查找长度为_____。

6. 假设在有序顺序表$a[0..9]$上进行折半查找,则比较1次查找成功的结点个数为_____;比较2次查找成功的结点个数为_____;比较3次查找成功的结点个数为_____;成功时的平均查找长度为_____。

7. 在有序表$A[1..18]$中,采用折半查找算法查找元素值等于$A[7]$的元素,所比较过的元素的下标依次为_____。

8. 在分块查找中,首先查找_____,然后再查找相应的_____,整个分块查找的平均查找长度等于两次查找的平均查找长度的_____。

9. 127阶B-树中每个结点最多有_____个关键字;除根结点外所有非终端结点至少有_____棵子树。

10. 在散列技术中,处理冲突的两种主要方法是_____和_____。

11. _____法构造的哈希函数肯定不会冲突。

12. 已知数组a中的元素$a[1]\sim a[n]$递增有序,Search_Bin函数采用折半查找(即二分查找)的思想在$a[1]\sim a[n]$中查找值为m的元素。若找到,则函数返回相应元素的位置(下标),否则返回0。填写空缺处的代码,使算法完整。

```
int Search_Bin(int a[], int n, int m)
{    int low=1, high=n, mid;
    while(_____)
    {    mid=(low+high)/2;
        if (m==a[mid])   return _____;
        else if (m<a[mid])   high=mid-1;
            else _____;
    }
    return 0;
}
```

13. 在各种查找方法中,_____查找法的平均查找长度与元素个数n无关。

14. 在散列存储中,装填因子α的值越大,存取元素时发生冲突的可能性就_____;α的值越小,则发生冲突的可能性就_____。

15. 对于二叉排序树的查找,若根结点元素的键值大于被查找元素的键值,则应该在二叉树的_____上继续查找。

16. 设有一个已按元素值排好序的线性表,长度为125,用折半查找与给定值相等的元素,若查找成功,则至少要比较_____次,至多要比较_____次。

17. 高度为8的平衡二叉树的结点数至少为_____个。

18. 二叉排序树的查找长度不仅与_____有关,也与树的_____有关。当二又排序树退化成单支树时,查找算法退化为顺序查找,其平均查找长度为_____;当二叉排序树是一棵平衡二叉树时,其平均查找长度为_____。

19. 在一棵 m 阶 B-树中,若在某个结点中插入一个新关键字而引起该结点分裂,则此结点中原有的关键字的个数是_____;若在某结点中删除一个关键字而导致结点合并,则该结点中原有的关键字个数是_____。

20. 高度为 4 的 3 阶 B-树中,最多有_____个关键字。

三、判断题

1. 查找相同结点的效率折半查找总比顺序查找高。 （ ）

2. 有 n 个数存放在一维数组 $a[1..n]$ 中,在进行顺序查找时,这 n 个数的排列有序或无序其平均查找长度不同。 （ ）

3. 用向量和单链表表示的有序表均可使用折半查找来提高查找速度。 （ ）

4. 对大小均为 n 的有序表和无序表分别进行顺序查找,在等概率情况下,对于查找成功的平均查找长度是相同的,而对于查找失败的平均查找长度是不同的。 （ ）

5. 在索引顺序表中实现分块查找,在等概率情况下,其平均查找长度不仅与表中元素个数有关,而且与每块中元素个数有关。 （ ）

6. 在平衡二叉排序树中,每个结点的平衡因子都是相等的。 （ ）

7. 中序遍历二叉排序树的结点不能得到排好序的结点序列。 （ ）

8. 对二叉排序树的查找都是从根结点开始的,则查找失败一定落在叶子结点上。 （ ）

9. 二叉排序树删除一个结点后,仍是二叉排序树。 （ ）

10. 在任意一棵非空二叉排序树中,删除某个结点后又将其插入,则所得二叉排序树与原二叉排序树相同。 （ ）

11. 在二叉排序树中插入一个新结点,总是插入到叶子结点的下面。 （ ）

12. N 个结点的二叉排序树有多种,其中树高度最小的二叉排序树是最佳的。 （ ）

13. 完全二叉树肯定是平衡二叉树。 （ ）

14. 在平衡二叉排序树中,向某个平衡因子不为零的结点的树中插入一个新结点,必引起平衡旋转。 （ ）

15. 在 9 阶 B-树中,除叶子以外的任意结点的分支介于 5 和 9 之间。 （ ）

16. B-树的插入算法中,结点的向上"分裂"代替了专门的平衡调整。 （ ）

17. m 阶 B-树中每个结点上至少有 1 个关键字,最多有 m 个关键字。 （ ）

18. B-树中所有结点的平衡因子都为 0。 （ ）

19. 哈希表的结点中只包含数据元素自身的信息,不包含任何指针。 （ ）

20. 在散列查找中,"比较"操作一般也是不可避免的。 （ ）

21. 散列法中的冲突是指具有不同关键字的元素对应相同的存储地址。 （ ）

22. 散列法的平均查找长度不随表中结点数目的增加而增加,而是随装载因子的增大而增大。 （ ）

23. 采用线性探测法处理冲突,当从哈希表删除一个记录时,不应将这个记录的所在位置置空,因为这样会影响以后的查找。 （ ）

24. 若散列表的装载因子 $\alpha < 1$,则可避免冲突的产生。 （ ）

25. 装载因子是散列表的一个重要参数,它反映了散列表的装满程度。 （ ）

四、解答题

1. 对有序顺序表(3,4,5,7,24,30,42,54,63,72,87,95)进行折半查找,回答以下问题:

(1) 画出描述折半查找过程的判定树;

(2) 若查找元素 54,需一次与哪些元素比较?

(3) 若查找元素 90,需一次与哪些元素比较?

(4) 假定每个元素的查找概率相同,求查找成功和失败时的平均查找长度。

2. 在一棵空的二叉排序树中依次插入关键字序列 12,7,17,11,16,2,13,9,21,4,请画出所得的二叉排序树。

3. 假设一棵二叉排序树的关键字为单个字母,其后序遍历序列为 ACDBFIJHGE,回答以下问题:

(1) 画出该二叉排序树;

(2) 求在等概率下,查找成功和失败时的平均查找长度。

4. 已知一个长度为 12 的表(Jan,Feb,Mar,Apr,May,June,July,Aug,Sep,Oct,Nov,Dec)。

(1) 试按表中元素的顺序依次插入一棵初始为空的二叉排序树中,画出插入完成后的二叉排序树,并求其在等概率情况下,查找成功时的平均查找长度;

(2) 若对表中元素先进行排序构成有序表,求在等概率情况下对此有序表进行折半查找时查找成功的平均查找长度;

(3) 按表中元素顺序构造一棵平衡二叉排序树,并求其在等概率情况下查找成功时的平均查找长度。

5. 对下图所示的 3 阶 B-树,依次执行下列操作,画出各步操作的结果。

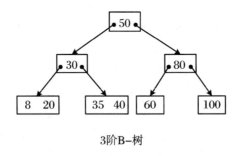

3阶B-树

(1) 插入 90;(2) 插入 25;(3) 插入 45;(4) 删除 60;(5) 删除 80。

6. 对于下图所示的 5 阶 B-树,给出删除关键字 8,16,15,4 的过程。

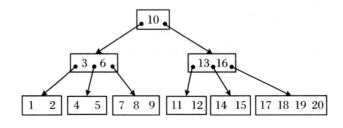

5阶B-树

7. 将关键字序列(32,13,49,24,38,21,4,12)散列存储到地址空间为 0～10 的散列表中,设散列函数 $H(k) = (3 \times k) \% 11$,请分别按线性探测法和链地址法两种解决冲突的方法构造散列表,并分别求出等概率下查找成功和查找失败时的平均查找长度。

8. 设哈希表的地址范围为 0～17,哈希函数为 $H(k) = k \% 16$。用线性探测法处理冲突,输入关键字序列(10,24,32,17,31,30,46,47,40,63,49),构造哈希表,试回答以下问题。

(1) 画出哈希表的示意图;

(2) 若查找关键字 63,需要依次与哪些关键字进行比较?

(3) 若查找关键字 60,需要依次与哪些关键字进行比较?

(4) 假定每个关键字的查找概率相等,分别求出查找成功和查找失败时的平均查找长度。

9. 给定关键字序列(SUN,MON,TUE,WED,THU,FRI,SAT),哈希函数为 $H(k) =$ (关键字的首字母在字母表中的序号)%7,分别用线性探测法处理冲突,构造装填因子为 0.7 的哈希表,计算等概率情况下查找成功和查找失败时的平均查找长度。

10. 设有一组关键字(9,1,23,14,55,20,84,27),采用散列函数: $H(\text{key}) = \text{key} \% 7$,表长为 10,用开放定址法中的二次探测法处理冲突。要求:对该关键字序列构造散列表,并计算等概率情况下查找成功时的平均查找长度。

11. 设包含 4 个数据元素的集合 $S = \{\text{"do"}, \text{"for"}, \text{"repeat"}, \text{"while"}\}$,各元素的查找概率依次为 $p_1 = 0.35, p_2 = 0.15, p_3 = 0.15, p_4 = 0.35$。将 S 保存在一个长度为 4 的顺序表中,采用折半查找,查找成功时的平均查找长度为 2.2。请回答:

(1) 若采用顺序存储结构保存 S,且要求平均查找长度更短,则元素应如何安排? 应使用何种查找方法? 查找成功时的平均查找长度是多少?

(2) 若采用链式存储结构保存 S,且要求平均查找长度更短,则元素应如何安排? 应使用何种查找方法? 查找成功时的平均查找长度是多少?

五、算法设计题

1. 设计折半查找的递归算法。

2. 设计算法,判断给定的二叉树是否为二叉排序树。假设此二叉树以二叉链表作为存储结构,二叉树中结点的关键字均为正整数且各不相同。

3. 设计算法,求指定结点在给定的二叉排序树中所在的层数。

4. 设计算法,在给定的二叉排序树上找出任意两个不同结点的最近公共祖先(若在两结点 A、B 中,A 是 B 的祖先,则认为 A 是 A、B 的最近公共祖先)。

5. 假设一棵平衡二叉树的每个结点都表明了平衡因子 b,设计一个算法,求平衡二叉树的高度。

第9章 内 排 序

 实训项目

基础实训1 实现各种内排序算法

1. 实验目的

(1) 理解各种内排序算法的基本思想；

(2) 领会各种内排序的过程和算法设计；

(3) 编程实现各种常用的内排序算法。

2. 实验内容

使用直接插入排序等各种常用的内排序算法，对随机产生的一组关键字序列进行非递减排序，并输出排序结果。

3. 程序实现

完整代码如下：

```
# include <stdio. h>
# include <stdlib. h>
# include <time. h>
# define MaxSize 500
typedef int KeyType;               /* 定义关键字类型为 int */
typedef struct
{
    KeyType key;                   /* 关键字项 */
    char data;                     /* 其他数据项,即非关键字项 */
}RecType;                          /* 待排序记录的类型 */
void initial(RecType R[], int low, int n)
{   /* 生成 n 个随机数构成的关键字序列,从 R 数组的 low 下标开始存储 */
    int i;
    srand((unsigned)time(NULL));           /* 设置系统时间作为随机数种子 */
    for(i=low;i<low+n;i++)
        R[i]. key = rand()%99+1;           /* 产生 n 个 1~99 之间的随机整数 */
}
void copy1(RecType R[], int low, RecType R1[], int low1, int n)
{   /* 将 R[low..]中的 n 个原始待排关键字复制到 R1[low1..]中 */
    for (int i=0; i<n; i++)
```

```
                R1[low1+i].key=R[low+i].key；
    }
    void disp(RecType R[],int low,int n)        /*输出 R[low..]中的 n 个关键字*/
    {   int i;
        for (i=low; i<low+n; i++)
            printf("%5d",R[i].key);
    }
//------------1.直接插入排序------------------------
    void InsertSort(RecType R[], int n)         /*对 R[0..n-1]按非递减序进行直接插入排序*/
    {   int i, j;
        RecType tmp;
        for (i=1; i<n; i++)                     /*依次确定 R[1..n-1]的插入点*/
        {   tmp=R[i];                           /*无序区的第一个元素*/
            j=i-1;                              /*有序区的最后一个元素*/
            while (j>=0 && tmp.key<R[j].key)
            {   R[j+1]=R[j];
                j--；
            }
            R[j+1]=tmp;                         /*将 tmp 插入到 j+1 处*/
        }
    }
//------------2.折半插入排序--------------------------
    void BinInsertSort(RecType R[], int n)      /*对 R[0..n-1]按非递减序进行折半插入排序*/
    {   int i, j, low, high, mid;
        RecType tmp;
        for (i=1; i<n; i++)
        {   if (R[i].key<R[i-1].key)            /*反序时*/
            {   tmp=R[i];
                low=0;   high=i-1;
                while (low<=high)               /*在 R[low..high]中查找插入位置*/
                {   mid=(low+high)/2;           /*取中间位置*/
                    if (tmp.key<R[mid].key)     /*插入点在前半区*/
                        high=mid-1;
                    else                        /*插入点在后半区*/
                        low=mid+1;
                }                               /*确定插入点为 high 的下一位置*/
                for (j=i-1; j>=high+1; j--)     /*high 后面[high+1..i-1]的记录后移*/
                    R[j+1]=R[j];
                R[high+1]=tmp;                  /*在 high+1 位置插入 tmp*/
            }
        }
    }
//------------3.希尔排序------------------------------
```

```
void ShellSort(RecType R[], int n)                    /* 对 R[0..n-1]按非递减序进行希尔排序 */
{   int i, j, d;
    RecType tmp;
    d = n/2;                                          /* 设置初始增量 */
    while (d>0)
    {   for (i=d; i<n; i++)                           /* 对相隔 d 位置的元素组直接插入排序 */
        {   tmp = R[i];
            j = i-d;
            while (j>=0 && tmp.key<R[j].key)
            {   R[j+d] = R[j];
                j = j-d;
            }
            R[j+d] = tmp;
        }
        d = d/2;                                      /* 减小增量 */
    }
}

//--------------4.冒泡排序--------------------
void BubbleSort(RecType R[], int n)                   /* 对 R[0..n-1]按非递减序进行冒泡排序 */
{   int i, j;
    RecType tmp;
    for (i=1; i<n; i++)                               /* n 个待排序记录,需进行 n-1 趟 */
    {
        for (j=0; j<n-i; j++)                         /* 从前向后两两比较 */
            if (R[j].key>R[j+1].key)                  /* 反序 */
            {   tmp = R[j];                           /* 交换 R[j]和 R[j+1] */
                R[j] = R[j+1];
                R[j+1] = tmp;
            }
    }
}

//--------------5.快速排序--------------------
int Partition(RecType R[], int s, int t)             /* 对无序区 R[s..t]进行一次划分 */
{   int i=s, j=t;
    RecType pivot = R[i];                            /* 保存基准到 pivot */
    while (i<j)
    {   while (i<j && R[j].key>=pivot.key)           /* 从右向左扫描,找一个小于基准的 R[j] */
            j--;
        R[i] = R[j];
        while (i<j && R[i].key<=pivot.key)           /* 从左向右扫描,找一个大于基准的 R[i] */
            i++;
        R[j] = R[i];
    }
    R[i] = pivot;                                    /* 将基准归位到 R[i] */
```

```
        returni;                        /*返回基准的位置*/
}
void QuickSort(RecType R[], int s, int t)    /*对记录序列 R[s..t]进行快速排序*/
{   int i;
    if (s<t)                            /*排序区间内至少存在两个元素*/
    {   i=Partition(R, s, t);           /*对无序区 R[s..t]进行一次划分,返回基准位置*/
        QuickSort(R, s, i-1);           /*对左子区间 R[s..i-1]递归排序*/
        QuickSort(R, i+1, t);           /*对右子区间 R[i+1..t]递归排序*/
    }
}
//-------------6.简单选择排序-----------------
void SelectSort(RecType R[], int n)     /*对 R[0..n-1]按非递减序进行简单选择排序*/
{   int i, j, k;
    RecType tmp;
    for (i=0; i<n-1; i++)               /*n 个元素共需做第 n-1 趟排序*/
    {   k=i;                            /*每一趟开始时,先认为最小记录在 i 位置*/
        for (j=i+1; j<n; j++)           /*扫描从 i 的下一位置开始,至最后一个记录为止*/
            if (R[j].key<R[k].key)      /*若发现更小的记录,则将其位置记入 k*/
                k=j;
        if (k! =i)                      /*若初始认为的最小记录 R[i]不是真正的最小记录 R[k]*/
        {   tmp=R[i];                   /*则交换 R[i]和 R[k]*/
            R[i]=R[k];
            R[k]=tmp;
        }
    }
}
//-------------7.堆排序-----------------------
void sift(RecType R[], int low, int high)    /*用筛选法调整堆*/
{   int i=low, j=2*i;                   /*R[j]是 R[i]的左孩子*/
    RecType tmp=R[i];
    while (j<=high)
    {   if (j<high && R[j].key<R[j+1].key)   /*若右孩子较大,把 j 指向右孩子*/
            j++;
        if (tmp.key<R[j].key)           /*若双亲结点的关键字较小*/
        {   R[i]=R[j];                  /*将 R[j]调整到双亲结点位置上*/
            i=j;                        /*修改 i 和 j 值,以便继续向下筛选*/
            j=2*i;
        }
        else break;                     /*若双亲结点的关键字大于其孩子,不做调整*/
    }
    R[i]=tmp;                           /*被筛选结点放入最终位置*/
}
void HeapSort(RecType R[], int n)
{   int i;
```

```
    RecType tmp;
    for (i=n/2; i>=1; i--)                /* 循环建立初始堆,调用 sift 算法 n/2 次 */
        sift(R, i, n);
    for (i=n; i>=2; i--)                   /* 堆排序需进行 n-1 趟,每趟堆中记录减少一个 */
    {   tmp=R[1];                          /* 将堆中最后一个记录 R[i]与根 R[1]交换 */
        R[1]=R[i];
        R[i]=tmp;
        sift(R, 1, i-1);                   /* 对 R[1..i-1]进行筛选,得到 i-1 个结点的堆 */
    }
}
//- - - - - - - - - - - -8.二路归并排序- - - - - - - - - - - - - - - - - - - -
void Merge(RecType R[], int low, int mid, int high)
{   /* 对 R[low..mid]和 R[mid+1..high]进行二路归并的算法 */
    RecType *R1;
    int i=low, j=mid+1, k=0;               /* i、j 分别为两个子序列的下标,k 是 R1 的下标 */
    R1=(RecType *)malloc((high-low+1)*sizeof(RecType));
    while (i<=mid && j<=high)              /* 两个子序列均未扫描完 */
        if (R[i].key<=R[j].key)
        {   R1[k]=R[i];  i++;  k++;  }     /* 将第 1 段中的记录放入 R1 */
        else
        {   R1[k]=R[j];  j++;  k++;  }     /* 将第 2 段中的记录放入 R1 */
    while (i<=mid)                         /* 将第 1 段余下部分复制到 R1 */
    {   R1[k]=R[i];  i++;  k++;  }
    while (j<=high)                        /* 将第 2 段余下部分复制到 R1 */
    {   R1[k]=R[j];  j++;  k++;  }
    for (k=0,i=low; i<=high; k++, i++)     /* 将 R1 复制到 R[low..high]中 */
        R[i]=R1[k];
    free(R1);
}
void MergePass(RecType R[], int length, int n)
{   int i;
    for (i=0; i+2*length-1<n; i=i+2*length)   /* 归并 length 长的两个相邻子表 */
        Merge(R, i, i+length-1, i+2*length-1);
    if (i+length-1<n-1)                    /* 余下两个子表,后者长度小于 length */
        Merge(R, i, i+length-1, n-1);      /* 归并这两个子表 */
}
void MergeSort(RecType R[], int n)
{   int length;
    for (length=1; length<n; length=2*length)   /* 进行⌈log₂n⌉趟归并 */
        MergePass(R, length, n);
}
//- - - - - - - - - - - - - - - - - - - - - - - - - - - - - - - - - - - - - - -
int main()
{   RecType R[MaxSize], R1[MaxSize];            /* R[]原始数据,R1[]排序数据 */
```

```
printf("随机产生 100 个 1～99 之间的正整数\n");
int n = 100;
initial(R,0,n);
copy1(R,0,R1,0,n);printf("\n1.直接插入排序:\n");
InsertSort(R1,n);  disp(R1,0,n);
copy1(R,0,R1,0,n);printf("\n2.折半插入排序:\n");
BinInsertSort(R1,n);  disp(R1,0,n);
copy1(R,0,R1,0,n);  printf("\n3.希尔排序:\n");
ShellSort(R1,n);  disp(R1,0,n);
copy1(R,0,R1,0,n);printf("\n4.冒泡排序:\n");
BubbleSort(R1,n);  disp(R1,0,n);
copy1(R,0,R1,0,n);printf("\n5.快速排序:\n");
QuickSort(R1,0,n-1);  disp(R1,0,n);
copy1(R,0,R1,0,n);printf("\n6.简单选择排序:\n");
SelectSort(R1,n);  disp(R1,0,n);
copy1(R,0,R1,1,n);printf("\n7.堆排序:\n");
HeapSort(R1,n);  disp(R1,1,n);
copy1(R,0,R1,0,n);printf("\n8.二路归并排序:\n");
MergeSort(R1,n);  disp(R1,0,n);
return 1;
}
```

4. 运行结果

运行结果如图 9.1 所示。

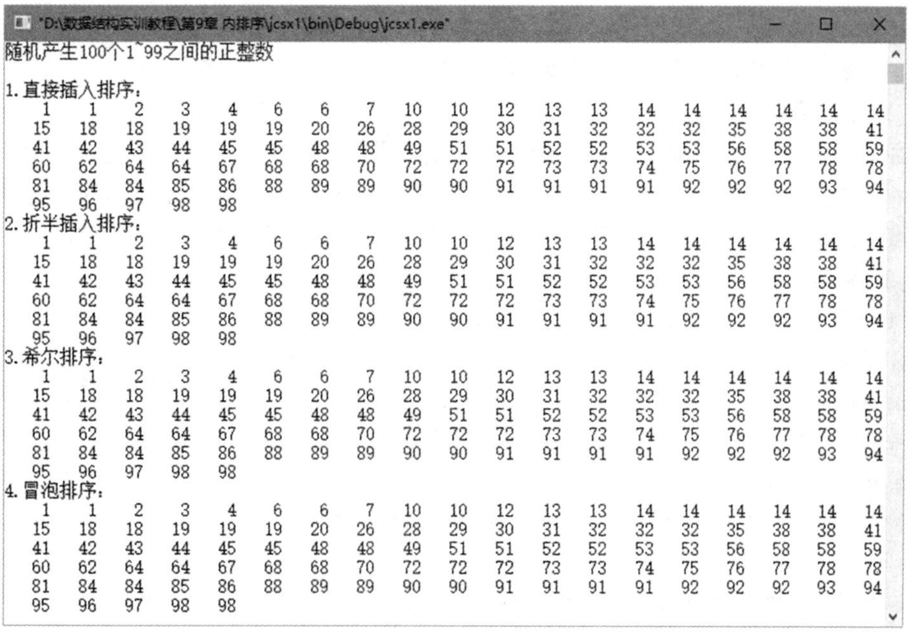

图 9.1 运行结果截图

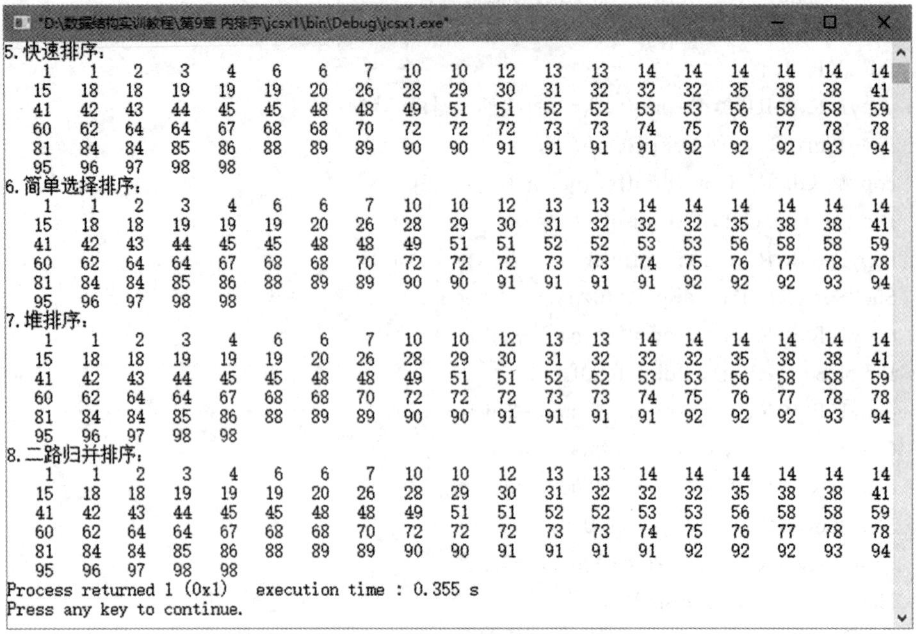

图 9.1 运行结果截图(续)

基础实训 2 鸡尾酒混合排序(双向冒泡排序)

1. 实验目的

(1) 深入理解冒泡排序算法的基本思想;

(2) 理解并掌握冒泡排序的过程和算法设计;

(3) 在冒泡排序的基础上实现双向冒泡排序。

2. 实验内容

冒泡排序的一种变种就是所谓的鸡尾酒混合排序,它对数组总共也要进行 $n-1$ 趟,但是相邻两趟的冒泡方向是相反的。请以整型数据升序排序为例,简单说明双向冒泡排序的过程并给出对应的排序算法(注:双向冒泡排序即相邻两趟排序向相反方向冒泡)。

3. 程序实现

完整代码如下:

```
#include<stdio.h>
#include <stdlib.h>
#include <time.h>
void Initial(int R[], int n)
{    /*生成 n 个随机数构成的关键字序列,存储到 R 数组中*/
    int i;
    srand((unsigned)time(NULL));              /*设置系统时间作为随机数种子*/
    for (i=0; i<n; i++)
        R[i]=rand()%99+1;                     /*产生 n 个 1~99 之间的随机整数*/
}
void Swap(int A[], int i, int j)
```

```
{
    int tmp;
    tmp = A[i];   A[i] = A[j];   A[j] = tmp;
}
void DoubBubble(int A[], int n)                    /* 鸡尾酒混合排序(双向冒泡排序) */
{
    int left = 0, right = n - 1, i;
    while (left < right)
    {
        for (i = left; i < right; i++)
        {
            if(A[i] > A[i+1]) Swap(A,i,i+1);
        }
        right--;
        for (i = right; i > left; i--)
        {
            if(A[i-1] > A[i]) Swap(A,i-1,i);
        }
        left++;
    }
}
void Disp(int data[], int n)                       /* 显示数组内容 */
{
    int i;
    for (i = 0; i < n; i++)
        printf("%d ",data[i]);
    printf("\n");
}
int main()
{
    int data[20], n = 15;
    Initial(data,n);
    printf("排序前的数据为:");   Disp(data,n);
    DoubBubble(data,n);
    printf("\n排序后的数据为:");   Disp(data,n);
}
```

4. 运行结果

运行结果如图 9.2 所示。

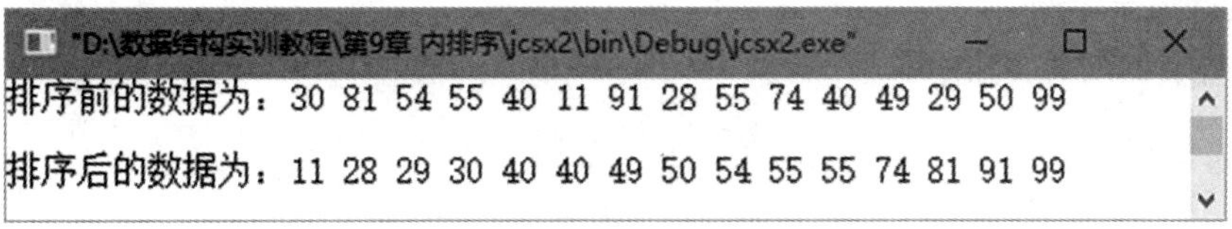

图 9.2　运行结果截图

拓展实训 1 奖学金评定系统

1. 问题描述:

在评定奖学金时,学校通常会综合考虑学生的专业课成绩和德育成绩,并将两者之间设置一定的比例以便合成学生的综合成绩,然后按照综合成绩的排名顺序确定不同等级的奖学金获得者的名单。

编程实现上述奖学金评定过程,具体要求:

(1) 从文件 rawscore.txt 中读入学生人数、考核科目数及每位学生各科目分数等基本信息。

(2) 根据读入的信息,计算出每位学生的专业课平均分。

(3) 设置专业课成绩与德育成绩之间的比例、奖学金等级数、各等级获奖人数等基本信息。

(4) 输出满足上述设置要求的奖学金获得者名单及基本信息等。

提示:从图 9.3 所示的文件 rawscore.txt 中读取信息,并根据预先的设置(成绩比例、奖学金等级及数量),计算出每位学生的综合成绩。然后,将每条记录按照综合成绩由低到高进行冒泡排序,按照奖学金等级和数量依次输出排序结果。

学号	姓名	高等数学	线性代数	大学英语	C语言	离散数学	德育
2016112101	毕紫薇	85	79	72	71	72	85
2016112102	卜尔元	88	80	71	73	70	86
2016112103	查俊	64	76	68	74	65	82
2016112104	陈志鹏	75	69	69	73	61	82
2016112105	程文玉	71	79	81	59	73	83
2016112106	丁友强	65	76	75	64	73	81
2016112107	董浩	64	74	78	72	76	78
2016112108	董恒成	78	68	70	80	78	81
2016112109	费媛媛	78	71	70	79	78	87
2016112110	高冰	78	67	78	71	75	83
2016112111	葛益	80	67	59	73	78	84
2016112112	洪成伟	86	68	66	71	76	82
2016112113	胡家桂	86	67	64	78	63	84
2016112114	胡亮喜	82	72	66	64	64	80
2016112115	胡平	80	67	70	82	66	82
2016112116	胡旭敏	73	76	66	75	67	85
2016112117	黄珺祎	76	71	62	74	61	79
2016112118	江新	80	48	66	62	61	77
2016112119	蒋晓飞	47	72	67	76	65	82
2016112120	李志坤	72	66	67	72	68	87

图 9.3　文件 rawscore.txt 的内容

2. 运行结果示例

运行结果如图 9.4 所示。

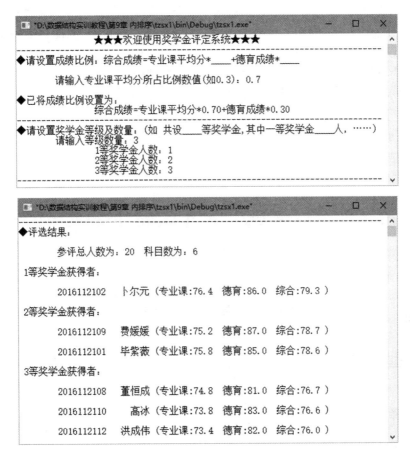

图 9.4 奖学金评定系统运行结果示例

拓展实训 2 荷兰国旗问题

1. 问题描述

设有一个仅由红、白、蓝三种颜色的条块组成的序列,各种色块的个数是随机的,但三种颜色的色块总数为 n。请设计一个时间复杂度为 $O(n)$ 的排序算法,且使用尽可能少的辅助空间,使得这些条块按照红、白、蓝的顺序排好(整个图案由三大色块组成,第一块为红色,第二块为白色,第三块为蓝色),如图 9.5 所示。

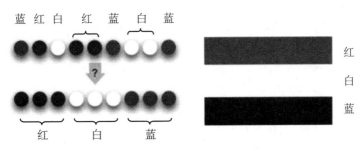

图 9.5 红、白、蓝颜色排序示意图

提示:该问题可以借助快速排序的思想进行解决。为了方便处理,这里采用顺序表来存

储 n 个条块组成的序列,并将红条块、白条块和蓝条块分别用数字 0、1 和 2 表示。由于题目要求时间复杂度为 $O(n)$,所以对长度为 n 的条块序列进行排序时只能扫描一遍。为达到题目要求,可以设置 3 个指针 i,j 和 k,i 用来指向红区的后一个位置,k 用来指向蓝区的前一个位置,j 为工作指针,用来对 data 数组中的条块进行扫描,故初始时 $i=0,j=0,k=n-1$。在扫描过程中,若当前为红色条块(即 data$[j]==1$),则将 data$[j]$ 与 data$[i]$ 互换,且 $j++,i++$;若当前为白色条块(即 data$[j]==2$),则 $j++$;若当前为蓝色条块(即 data$[j]==3$),则将 data$[j]$ 与 data$[k]$ 互换,且 $k--$。重复上述步骤,直至 $j>k$ 为止。

2. 运行结果示例

运行结果如图 9.6 所示。

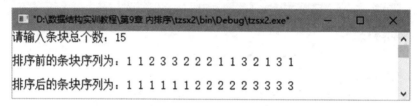

图 9.6　荷兰国旗问题运行结果示例

 典型习题

一、选择题

1. 下列关于排序的叙述中,正确的是( )。
   A. 稳定的排序方法优于不稳定的排序方法
   B. 对同一线性表使用不同的排序方法进行排序,得到的排序结果可能不同
   C. 排序方法都是在顺序表上实现,在链表上无法实现排序方法
   D. 在顺序表上实现的排序方法在链表上也可以实现
2. 对 5 个不同的数据元素进行直接插入排序,最多需要进行的比较次数是( )。
   A. 8　　　　　　B. 15　　　　　　C. 10　　　　　　D. 25
3. 在待排序的元素序列基本有序的前提下,效率最高的排序方法是( )。
   A. 简单选择排序　　　　　　　　　B. 直接插入排序
   C. 快速排序　　　　　　　　　　　D. 归并排序
4. 对同一待排序序列分别进行折半插入排序和直接插入排序,两者之间可能的不同之处在于( )。
   A. 排序的总趟数　　　　　　　　　B. 元素的移动次数
   C. 元素之间的比较次数　　　　　　D. 使用辅助空间的数量
5. 数据序列{8,10,13,4,6,7,22,2,3}只能是( )的两趟排序后的结果。
   A. 简单选择排序　　B. 直接插入排序　　C. 冒泡排序　　　　D. 堆排序
6. 堆排序是一种( )排序。
   A. 插入　　　　　　B. 选择　　　　　　C. 交换　　　　　　D. 归并
7. 在下列算法中,( )算法可能出现下列情况:在最后一趟开始之前,所有元素都不

在最终位置上。

    A. 直接插入排序   B. 堆排序   C. 冒泡排序   D. 快速排序

8. 希尔排序属于( )。

    A. 交换排序   B. 插入排序   C. 选择排序   D. 归并排序

9. 对序列$\{15,9,7,8,20,-1,4\}$进行希尔排序,经一趟后序列变为$\{15,-1,4,8,20,9,7\}$,则该次采用的增量是( )。

    A. 4   B. 1   C. 2   D. 3

10. 对一个数据序列进行希尔排序时,若第 1 趟排序结果为 9,1,4,13,7,8,20,23,15,则该趟排序采用的增量可能是( )。

    A. 2   B. 3   C. 4   D. 5

11. 对序列$\{98,36,-9,0,47,23,1,8,10,7\}$采用希尔排序,下列序列( )是增量为 4 的一趟排序结果。

    A. $\{-9,0,36,98,1,8,23,47,7,10\}$ B. $\{10,7,-9,0,47,23,1,8,98,36\}$

    C. $\{98,36,-9,0,47,23,1,8,10,7\}$ D. $\{-9,0,10,98,1,8,23,47,7,36\}$

12. 折半插入排序算法的平均时间复杂度为( )。

    A. $O(n)$ B. $O(n\log_2 n)$ C. $O(n^3)$ D. $O(n^2)$

13. 有些排序算法在每趟排序过程中,都会有一个元素被放置到其最终位置上,下列算法不会出现此种情况的是( )。

    A. 堆排序   B. 冒泡排序   C. 希尔排序   D. 快速排序

14. 以下不稳定的排序算法是( )。

    A. 冒泡排序   B. 希尔排序   C. 归并排序   D. 直接插入排序

15. 堆的形状是一棵( )。

    A. 二叉排序树   B. 满二叉树   C. 完全二叉树   D. 平衡二叉树

16. 希尔排序的组内排序采用的是( )。

    A. 直接插入排序   B. 归并排序   C. 归并排序   D. 折半插入排序

17. 若用冒泡排序算法对序列$\{10,14,26,29,41,52\}$从小到大排序,需进行( )次比较。

    A. 3   B. 10   C. 15   D. 20

18. 对一组数据$\{2,12,16,88,5,10\}$进行排序,若前 3 趟排序结果如下:第一趟排序结果:2,12,16,5,10,88;第二趟排序结果:2,12,5,10,16,88;第三趟排序结果:2,5,10,12,16,88。则采用的排序方法可能是( )。

    A. 归并排序   B. 基数排序   C. 冒泡排序   D. 希尔排序

19. 为实现快速排序算法,待排序序列宜采用的存储方式是( )。

    A. 散列存储   B. 链式存储   C. 索引存储   D. 顺序存储

20. 快速排序算法是在( )情况下最不利于发挥其长处。

    A. 要排序的数据量太大   B. 要排序的数据中含有多个相同值

    C. 要排序的数据已基本有序   D. 要排序的数据个数为奇数

21. 就平均性能而言,目前最好的内排序方法是( )。

    A. 冒泡排序   B. 基数排序   C. 堆排序   D. 快速排序

22. 采用递归方式对顺序表进行快速排序,下列关于递归次数的叙述正确的是( )。

　　A. 递归次数与初始数据的排列次序无关

　　B. 每次划分后,先处理较长的分区可以减少递归次数

　　C. 递归次数与每次划分后得到的分区的处理顺序无关

　　D. 每次划分后,先处理较短的分区可以减少递归次数

23. 在以下排序算法中,每次从未排序的记录中选取最小关键字的记录,加到已排序记录的末尾,该排序方法是( )。

　　A. 堆排序　　　　B. 直接插入排序　　C. 冒泡排序　　　　D. 简单选择排序

24. 已知关键字序列{5,8,12,19,28,20,15,22}是小根堆,插入关键字 3,调整后得到的小根堆是( )。

　　A. 3,5,12,8,28,20,15,22,19　　　　　　B. 3,5,12,19,20,15,22,8,28

　　C. 3,8,12,5,20,15,22,28,19　　　　　　D. 3,12,5,8,28,20,15,22,19

25. 下列四种排序方法中,排序过程中的比较次数与序列初始状态无关的是( )。

　　A. 选择排序法　　B. 插入排序法　　　C. 快速排序法　　　D. 冒泡排序法

26. 以下排序方法中,( )在一趟结束后不一定能选出一个元素放在其最终位置上。

　　A. 简单选择排序　B. 冒泡排序　　　　C. 归并排序　　　　D. 堆排序

27. 以下排序算中,( )不需要进行关键字的比较。

　　A. 基数排序　　　B. 快速排序　　　　C. 归并排序　　　　D. 堆排序

28. 如果将中国人按照生日(不考虑年份,只考虑月、日)来排序,那么使用下列排序算法中最快的是( )。

　　A. 归并排序　　　B. 希尔排序　　　　C. 快速排序　　　　D. 基数排序

29. 已知序列{25,13,10,12,9}是大根堆,在序列尾部插入新元素 18,将其再调整为大根堆,调整过程中元素之间的比较次数是( )。

　　A. 1　　　　　　B. 2　　　　　　　　C. 4　　　　　　　　D. 5

30. 就排序算法所用的辅助空间而言,堆排序、快速排序和归并排序的关系是( )。

　　A. 堆排序<快速排序<归并排序　　　　B. 堆排序<归并排序<快速排序

　　C. 堆排序>归并排序>快速排序　　　　D. 堆排序>快速排序>快速排序

31. 排序过程中,对尚未确定最终位置的所有元素进行一遍处理称为一趟排序。下列排序方法中,每一趟排序结束时都至少能够确定一个元素最终位置的方法是( )。

　　Ⅰ. 简单选择排序　Ⅱ. 希尔排序　Ⅲ. 快速排序　Ⅳ. 堆排序　Ⅴ. 归并排序

　　A. ⅠⅢⅣ　　　　B. ⅠⅢⅤ　　　　C. ⅡⅢⅣ　　　　D. ⅢⅣⅤ

32. 若对给定的关键字序列{110,119,007,911,114,120,122}进行基数排序,则第 2 趟分配收集后得到的关键字序列是( )。

　　A. {007,110,119,114,911,120,122}　　B. {007,110,119,114,911,122,120}

　　C. {007,110,911,114,119,120,122}　　D. {110,120,911,122,114,007,119}

33. 若数据元素序列{11,12,13,7,8,9,23,4,5}是采用下列排序方法之一得到的第二趟排序后的结果,则该排序算法只能是( )。

　　A. 冒泡排序　　　B. 插入排序　　　　C. 选择排序　　　　D. 二路归并排序

34. 下列选项中,不可能是快速排序第 2 趟排序结果的是( )。

　　A. {2,3,5,4,6,7,9}　　　　　　　　　B. {2,7,5,6,4,3,9}

　　C. {3,2,5,4,7,6,9}　　　　　　　　　D. {4,2,3,5,7,6,9}

35. 下列排序算法中元素的移动次数和关键字的初始排列次序无关的是(　　)。

　　　　A. 冒泡排序　　　　B. 基数排序　　　　C. 快速排序　　　　D. 直接插入排序

36. 对 n 个不同的关键字进行冒泡排序(按从小到大的顺序排列),初始序列为在下列
(　　)情况时,关键字的比较次数最多。

　　　　A. 从小到大排列好　B. 从大到小排列好　C. 无序　　　　　　D. 基本有序

37. 数据表中有 10000 个元素,如果仅要求求出其中最大的 10 个元素,则采用(　　)算
法最节省时间。

　　　　A. 冒泡排序　　　　B. 快速排序　　　　C. 堆排序　　　　　D. 简单选择排序

38. 已知小根堆为{8,15,10,21,34,16,12},删除关键字 8 之后需重建堆,在此过程中,
关键字之间的比较次数是(　　)。

　　　　A. 1　　　　　　　　B. 2　　　　　　　　C. 3　　　　　　　　D. 4

39. 快速排序在下列(　　)情况下最易发挥其长处。

　　　　A. 待排序的数据完全无序

　　　　B. 待排序的数据已基本有序

　　　　C. 待排序的数据中含有多个相同的关键字

　　　　D. 待排序的数据中的最大值和最小值相差悬殊

40. 对 10 TB 的数据文件进行排序,应使用的方法是(　　)。

　　　　A. 希尔排序　　　　B. 快速排序　　　　C. 堆排序　　　　　D. 归并排序

二、填空题

1. 对有 n 个元素的顺序表采用直接插入排序算法进行排序,在最坏情况下所需的关键
字比较次数是_____;在最好情况下所需的关键字比较次数是_____。

2. 在对一组记录{54,38,96,23,15,72,60,45,83}进行直接插入排序时,当把第 7 个记
录 60 插入有序表时,为寻找插入位置至少需比较_____次(可约定为:从后向前
比较)。

3. 直接插入排序用监视哨的作用是_____。

4. 对某一数据序列进行希尔排序时,若发现第 1 趟排序结果为 9,1,4,13,7,8,20,23,
15,则该趟排序采用的增量(间隔)可能是_____。

5. 对于 n 个记录的集合进行冒泡排序,在最坏的情况下所需要的时间是_____。
若对其进行快速排序,在最坏的情况下所需要的时间是_____。

6. 对 n 个关键字进行快速排序,最大递归深度为_____,最小递归深度为
_____。

7. 对有 n 个记录的表进行快速排序,在最坏情况下,算法的时间复杂度是_____。

8. 若一组记录的排序码为{46,79,56,38,40,84},则利用快速排序的方法,以第一个记
录为基准得到的一次划分结果为_____。

9. 对含有 n 个记录的数据表 $R[1..n]$ 进行简单选择排序,所需进行的关键字间的比较
次数为_____。

10. 快速排序在_____的情况下最易发挥其长处。

11. 对链表表示的数据序列进行简单选择排序,结点的数据域 data,指针域 next,链表
首指针为 head,无头结点。

```
void selectsort(head)
{   p = head;
    while (p _____)
    {   q = p;  r =   (2)  ;
        while(_____)
        {   if (_____)  q = r;
            r = _____;
        }
        tmp = q − >data;
        q − >data = p − >data;
        p − >data = tmp;
        p = _____;
    }
}
```

12. 向具有 n 个结点的堆中插入一个新元素的时间复杂度为_____,删除一个元素的时间复杂度为_____。

13. 构建 n 个记录的初始堆,其时间复杂度为_____;对 n 个记录进行堆排序,在最坏情况下的时间复杂度为_____。

14. 将两个各有 n 个元素的有序表合并成一个有序表,最少的比较次数是_____,最多的比较次数是_____。

15. 对于 n 个记录的集合进行归并排序,所需要的平均时间是_____,所需要的附加空间是_____。

16. 对于 n 个记录的表进行二路归并排序,整个归并排序需进行_____趟,共计移动_____次记录。

17. 设有字母序列{Q,D,F,X,A,P,N,B,Y,M,C,W},请写出按二路归并排序方法对该序列进行一趟扫描后的结果_____。

18. 若序列的原始状态为{1,2,3,4,5,10,6,7,8,9},要想使得排序过程中元素比较次数最少,则应该采用_____方法。

19. 若不考虑基数排序,则在排序过程中,主要进行的两种基本操作是关键字的_____和记录的_____。

20. 不受待排序初始序列的影响,时间复杂度为 $O(n^2)$ 的排序算法是_____,在排序算法的最后一趟开始之前,所有元素都可能不在其最终位置上的排序算法是_____。

21. 分别采用堆排序、快速排序、冒泡排序和归并排序,对初态为有序的表,则最省时间的是_____算法,最费时间的是_____算法。

22. 在插入和选择排序时,若初始数据基本正序,则选用_____;若初始数据基本反序,则选用_____。

23. 在堆排序和快速排序中,若初始记录接近正序或反序,则选用_____;若初始记录基本无序,则最好选用_____。

24. 若要对关键码序列{Q,H,C,Y,P,A,M,S,R,D,F,X}按字母升序排列,则冒泡排序第一趟扫描的结果是_____;初始步长为 4 的希尔排序第一趟结果是_____;二路归并排序第一趟扫描结果是_____;快速排序第一趟扫描结果是_____;堆排序初始建堆的结果是_____。

25. 在堆排序、快速排序和归并排序中,若只从存储空间考虑,则应首先选取_____方法,其次选取_____方法,最后选取_____方法;若只从排序结果的稳定性考虑,则应选取_____方法;若只从平均情况下最快考虑,则应选取_____方法;若只从最坏情况下最快并且要节省内存考虑,则应选取_____方法。

三、判断题

1. 当待排序的元素很大时,为了交换元素的位置,移动元素要占用较多的时间,这是影响时间复杂度的主要因素。 ( )

2. 内排序要求数据一定要以顺序方式存储。 ( )

3. 排序算法中的比较次数与初始元素序列的排列无关。 ( )

4. 排序的稳定性是指排序算法中的比较次数保持不变,且算法能够终止。 ( )

5. 在执行某个排序算法过程中,出现了排序码朝着最终排序序列位置相反方向移动,则该算法是不稳定的。 ( )

6. 对顺序表中的 n 个记录进行直接插入排序,在初始关键字序列为逆序的情况下,需要关键字比较的次数最多。 ( )

7. 对有 n 个记录的表做直接插入排序,最坏情况下需比较关键字(不含与哨兵的比较)的次数是 $n(n-1)/2$。 ( )

8. 折半插入排序所需比较次数与待排序记录的初始排列状态相关。 ( )

9. 相对于直接插入排序而言,折半插入排序减少了关键字比较和移动的次数。 ( )

10. 如果冒泡排序的某趟过程中没有出现数据交换的情况,那就说明关键字序列已经有序。 ( )

11. 在初始数据表已经有序时,快速排序算法的时间复杂度为 $O(n\log_2 n)$。 ( )

12. 在待排数据基本有序的情况下,快速排序效果最好。 ( )

13. 当待排序记录已经从小到大排序或者已经从大到小排序时,快速排序的执行时间最省。 ( )

14. 冒泡排序和快速排序都是基于交换两个逆序元素的排序方法。在最坏情况下,冒泡排序算法的时间复杂度是 $O(n^2)$,而快速排序算法的时间复杂度是 $O(n\log_2 n)$,所以快速排序比冒泡排序算法效率更高。 ( )

15. 交换排序法是对序列中的元素进行一系列比较,当被比较的两个元素逆序时进行交换,冒泡排序和快速排序是基于这类方法的两种排序方法。冒泡排序算法的最坏时间复杂度是 $O(n^2)$,而快速排序算法的最坏时间复杂度是 $O(n\log_2 n)$,所以快速排序比冒泡排序效率更高。 ( )

16. 快速排序的每一趟都能将一个元素放到最终的位置上。 ( )

17. 快速排序的速度在所有排序方法中为最快,而且所需附加空间也最少。 ( )

18. 简单(直接)选择排序算法在最好情况下的时间复杂度为 $O(n)$。 ( )

19. 简单选择排序算法是不稳定的。 ( )

20. 对顺序表中的 n 个记录进行简单选择排序,至多需要关键字交换 $n-1$ 次。 ( )

21. 堆肯定是一棵平衡二叉树。 ( )

22. 堆是满二叉树。　　　　　　　　　　　　　　　　　　　　　　（　　）

23. (101,88,46,70,34,39,45,58,66,10)是堆。　　　　　　　　　（　　）

24. 在用堆排序算法排序时,如果要按增序排列,则需要采用"大根堆"。（　　）

25. 堆排序是稳定的排序方法。　　　　　　　　　　　　　　　　　（　　）

26. 对长度为 8 的数据表进行二路归并排序,关键字之间最多需要 21 次比较。（　　）

27. 归并排序辅助存储为 $O(1)$。　　　　　　　　　　　　　　　　　（　　）

28. 快速排序和归并排序在最坏情况下的比较次数都是 $O(n\log_2 n)$。（　　）

29. 在任何情况下,归并排序都比直接插入排序快。　　　　　　　　（　　）

30. 在分配排序时,最高位优先分配法比最低位优先分配法简单。　　（　　）

四、解答题

1. 对于由 n 个元素构成的数据表,若初始状态已按关键字正序排列,则分别采用直接插入排序、冒泡排序和简单选择排序,排序过程中所需的关键字比较次数及元素移动次数分别是多少? 若初始状态为按关键字逆序排列,则以上三种算法在排序过程中所需的关键字比较次数及元素移动次数又分别是多少?

2. 在冒泡排序过程中,有的关键字在某趟排序中可能朝着与最终排序方向相反的方向移动,试举例说明。在快速排序过程中有没有这种现象?

3. 在执行某排序算法的过程中,出现了排序码朝着最终排序序列相反的方向移动,从而认为该排序算法是不稳定的,这种说法正确吗? 为什么?

4. 对于由 n 个元素组成的线性表进行快速排序时,所需进行的比较次数与这 n 个元素的初始排序有关。试问:

(1) 当 $n=7$ 时,在最好情况下需进行多少次比较? 请说明理由;

(2) 当 $n=7$ 时,给出一个最好情况的初始排序的实例;

(3) 当 $n=7$ 时,在最坏情况下需进行多少次比较? 请说明理由;

(4) 当 $n=7$ 时,给出一个最坏情况的时候初始排序的实例。

5. 假设待排序的关键字序列为 $\{49,70,65,49*,33,74,56,72\}$,试分别写出使用以下排序方法,每趟排序结束后关键字序列的状态。

(1) 直接插入排序;　(2) 折半插入排序;　(3) 希尔排序(增量选取 4,2,1);

(4) 冒泡排序;　　　(5) 快速排序;　　　(6) 简单选择排序;

(7) 堆排序;　　　　(8) 二路归并排序。

6. 对 5000 个无序元素,希望用最快的速度挑选出其中最大的前 10 个元素,在快速排序、堆排序、归并排序、基数排序和希尔排序方法中,采用哪种方法最好? 为什么?

7. 设记录的关键字集合 key = $\{49,38,66,90,75,10,20\}$

(1) 写出快速排序第一趟划分的结果;

(2) 把关键字集合 key 调整成大根堆。

8. 假设我们把 n 个元素的序列 $\{a_1,a_2,\cdots,a_n\}$ 中满足条件 $a_k<\max\{a_t\}(1\leqslant t<k)$ 的元素 a_k 称为"逆序元素"。若在一个无序序列中有一对元素 $a_i>a_j(i<j)$,试问,当 a_i 与 a_j 相互交换后(即序列由 $\{\cdots a_i\cdots a_j\cdots\}$ 变为 $\{\cdots a_j\cdots a_i\cdots\}$),该序列中逆序元素的个数一定不会增加,这句话对不对? 如果对,请说明为什么? 如果不对,请举例说明。

五、算法设计题

1. 试以单链表为存储结构,实现简单选择排序算法。

2. 设计算法,输入若干英文单词,对这些单词按其长度从小到大排序后输出(如果长度相同,则输出顺序不变)。要求:每行输入一个英文单词,所有单词输入完毕后以♯作为输入结束标志。其中英文单词的总数不超过 20 个,每个英文单词为长度小于 10 的仅由小写英文字母组成的字符串。

3. 设计算法,对 n 个关键字取整数值的记录序列进行整理,以使所有关键字为负值的记录排在关键字为非负值的记录之前,要求:

(1) 采用顺序存储结构,至多使用一个记录的辅助存储空间;

(2) 算法的时间复杂度为 $O(n)$。

4. 采用基数排序方法将一组英文单词按字典序列进行排序。假设各单词均由小写字母或空格构成,最长的单词有 MaxLen 个字母,设计对应的算法。